土壤重金属环境容量研究

成杰民
于光金　王明聪　著

U0223535

科学出版社

北京

内 容 简 介

本书由土壤环境容量基础理论、土壤重金属环境容量研究和土壤重金属环境容量信息系统研发三部分内容组成。从土壤环境容量基本概念、土壤环境容量的理论依据、土壤环境容量的确定、土壤环境容量模型、土壤环境容量预测、土壤环境容量的应用等方面论述了土壤环境容量理论基础。并以山东省主要类型土壤为例，从山东省土壤重金属环境质量状况及其变化特征、山东省土壤重金属环境容量模型参数研究、山东省土壤重金属环境容量、山东省土壤重金属环境容量预测等方面介绍了土壤重金属环境容量研究方法和研究结果。本书还从土壤重金属环境容量信息系统研发工具、土壤重金属环境容量信息系统结构设计和功能设计、土壤环境容量信息系统详细设计和功能实现等方面介绍了土壤重金属环境容量信息系统开发。

本书可供环境、土壤、农业、林业、生物、地学等有关科技工作者、技术管理人员以及大专院校相关专业师生参考。

图书在版编目（CIP）数据

土壤重金属环境容量研究 / 成杰民，于光金，王明聪著. —北京：科学出版社，2017.3

ISBN 978-7-03-052249-8

Ⅰ．①土… Ⅱ．①成… ②于… ③王… Ⅲ．①土壤污染–重金属污染–土壤环境容量–研究 Ⅳ．①X53 ②X26

中国版本图书馆 CIP 数据核字（2017）第 053472 号

责任编辑：张 析 / 责任校对：何艳萍
责任印制：张 伟 / 封面设计：东方人华

科学出版社 出版
北京东黄城根北街 16 号
邮政编码：100717
http://www.sciencep.com

北京厚诚则铭印刷科技有限公司 印刷
科学出版社发行 各地新华书店经销

*

2017 年 3 月第 一 版 开本：720×1000 B5
2018 年 5 月第二次印刷 印张：12 1/4
字数：242 000
定价：78.00 元

（如有印装质量问题，我社负责调换）

"土壤重金属环境容量研究"

项目研究成员（按汉语拼音排序）

成杰民　杜金辉　杜廷芹　姜　军

刘玉真　鲁成秀　慕金波　孙　娟

王明聪　王晓凤　于光金　张丽娜

前　言

随着现代化工业和农业的发展,土壤重金属污染加剧受到了人们的广泛关注。据《全国土壤污染状况调查公报》数据,我国部分地区土壤污染较严重,耕地土壤环境质量堪忧,工矿业废弃地土壤环境问题突出。全国土壤污染总超标率为16.1%,其中重度污染点位占1.1%。耕地土壤点位超标率为19.4%,其中轻微、轻度、中度和重度污染超标点位分别为13.7%、2.8%、1.8%和1.1%,主要污染物为镉、镍、铜、砷、汞、铅、滴滴涕和多环芳烃。镉、汞、砷、铜、铅、铬、锌、镍8种无机污染物点位超标率分别为7.0%、1.6%、2.7%、2.1%、1.5%、1.1%、0.9%、4.8%,重污染企业及周边土壤超标点位36.3%,固体废物集中处理处置场地土壤超标点位21.3%。由于耕地受到重金属污染,我国每年出产重金属污染的粮食约1200万吨,严重影响了农作物产量和农产品品质,并通过食物链富集到人体,最终影响人体健康。

土壤环境具有一定的净化功能和缓冲性能,可容纳各种途径来源的污染物,即土壤具有一定的环境容量。土壤环境容量充分体现了区域环境特征,是实现污染物总量控制的重要基础。但是不同的土壤类型,容纳能力不同,土壤环境容量不同。当进入土壤环境的重金属,超过其环境容量时,将带来不可逆转的恶果。尤其是土壤重金属污染过程具有隐蔽性、滞后性、积累性、不可逆性和难治理的特点,土壤重金属污染一旦爆发,后果极其严重,如日本的"痛痛病"经过了10~20年之后才被人们所认识,给人们造成了巨大的伤害。因此,正确认识土壤环境容量和合理利用有限的环境容量,有效地预防土壤污染,已成为人们广泛关注和亟待解决的问题。

我国从20世纪70年代初开始,逐渐开展了与土壤环境容量相关的研究。研究领域涉及:土壤环境容量研究的一般内容和方法;污染物的生态效应、环境效应,污染物的净化规律与迁移转化;各主要土类、部分亚类、土种的临界含量和环境容量;建立土壤环境容量数学模型;根据土壤环境容量,制定污灌区水质标准和污泥施用量标准等。这些研究成果为今后深入开展土壤环境容量研究提供了理论依据和方法借鉴。但是由于我国幅员辽阔,各地气候、水文、地质、地貌不同,土壤种类众多,并且种植作物品种差异也较大,制定全国统一的土壤中重金属含量临界值,来进行土壤环境容量的研究往往会产生较大的误差。因此,有必要根据区域特点研究土壤重金属环境容量,为制定区域土壤环境标准、农田灌溉用水标准、污泥施用标准以及区域土壤污染物预测和土壤环境质量评价、污染物总量控制等提供科学依据。对于保护生态环境平衡，提高农田土壤生产力水平，保障人体健康是十分必要的。

本书内容为山东省科技发展计划项目"山东省土壤环境容量及酸沉降临界负荷研究"（2006GG3206002）的主要研究成果，并在该项目的资助下出版。

全书由土壤环境容量基础理论、土壤重金属环境容量研究和土壤重金属环境容量信息系统研发三部分内容组成。本书从土壤环境容量基本概念、土壤环境容量的理论依据、土壤环境容量的确定、土壤环境容量模型、土壤环境容量预测、土壤环境容量的应用等方面论述了土壤环境容量理论基础。并以山东省主要类型土壤为例，从山东省土壤重金属环境质量状况及其变化特征、山东省土壤重金属环境容量模型参数研究、山东省土壤重金属环境容量、山东省土壤重金属环境容量预测等方面介绍了土壤重金属环境容量研究方法和研究结果。本书还从土壤重金属环境容量信息系统研发工具、土壤重金属环境容量信息系统结构设计和功能设计、土壤环境容量信息系统详细设计和功能实现等方面介绍了土壤重金属环境容量信息系统开发。本书可供环境、土壤、农业、林业、生物、地学等有关科技工作者、技术管理人员以及大专院校有关专业师生参考。

由于本研究可借鉴的数据资料不多，项目组研究水平有限，部分结论难免偏颇。书中错漏在所难免，敬请读者批评指正。

著　者

2017 年 1 月

目　　录

第二部分 土壤重金属环境容量研究

第三部分　土壤重金属环境容量信息系统研发

第一部分　土壤环境容量基础理论

1 土壤环境容量基本概念

随着现代化工业和农业的发展，我国一些地区的土壤已经受到了不同程度的污染。其他污染形式可以通过污水横流、黑烟滚滚、臭气熏天等外在表现形式向人们敲响警钟，而土壤污染常以一种"看不见的污染"形式存在，容易被人们忽视，致使这种危害极大的污染趁机蔓延开来。我国耕地土壤污染特点，一是以轻微、轻度重金属污染为主。据《全国土壤污染状况调查公报》数据，我国部分地区土壤污染较重，耕地土壤环境质量堪忧，工矿业废弃地土壤环境问题突出。全国土壤总超标率为 16.1%，其中重度污染点位占 1.1%。耕地土壤点位超标率为 19.4%，其中轻微、轻度、中度和重度污染超标点位分别为 13.7%、2.8%、1.8% 和 1.1%，主要污染物为镉、镍、铜、砷、汞、铅、滴滴涕和多环芳烃。镉、汞、砷、铜、铅、铬、锌、镍 8 种无机污染物点位超标率分别为 7.0%、1.6%、2.7%、2.1%、1.5%、1.1%、0.9%、4.8%，重污染企业及周边土壤超标点位 36.3%，固体废物集中处理处置场地土壤超标点位 21.3%。可以看出，我国耕地土壤以轻微、轻度重金属污染为主。二是污染危害大。土壤污染造成有害物质在农作物中积累，并通过食物链进入人体，引发各种疾病，危害人类健康。据估算，全国每年受重金属污染的粮食达 1200 万 t，造成的直接经济损失超过 200 亿元。我国受重金属污染的耕地面积已达 2000 多万 hm^2，每年出产重金属污染的粮食约 1200 万 t（周启星等，2001），严重影响了农作物产量和农产品品质（Krzaklewski W et al.,2002; Kim K K et al., 2001; Kim K M. et al., 1998），并通过食物链富集到人体，最终对人类健康产生危害。目前，重金属还在通过农田的污水灌溉和污泥施用，农药、化肥和塑料薄膜的使用，大气中重金属的沉降以及含重金属废弃物的堆积等途径继续污染土壤（夏星辉等，1999）。土壤重金属污染过程具有隐蔽性、滞后性、积累性、不可逆性和难治理的特点（骆永明，1999），土壤重金属污染一旦爆发，后果极其严重，如日本的"痛痛病"经过了 10~20 年之后才被人们所认识，给人们造成了巨大的伤害（张甘霖等，1999；高太忠等，1999）。三是土壤污染防治基础薄弱。目前，全国土壤污染的面积、分布和程度不清，土壤环境容量没有数据，导致防治措施缺乏针对性。

如何预防土壤污染呢？这就涉及土壤对污染物的环境容量问题。任何环境要素对开发或污染都有其一定的环境容量。如何正确认识环境容量和合理利用有限的环境容量，涉及人类生活和生产的许多方面，成为人们广泛关注的问题。同样，土壤作为环境要素之一，也具有一定的环境容量。

在以往环境容量研究中，大气和水体容量研究较多，土壤环境容量研究较少。但随着人们对土壤净化能力的认识，土壤环境容量的研究也相应受到重视。美国、澳大利亚等国根据土地处理系统对污水的净化能力，计算了某一时间单元处理区的水力负荷与灌溉量。前联邦德国根据处理区的土壤理化性质与吸附性能，研究了重金属的化学容量与渗透容纳量（George A G，1977）。

我国从 20 世纪 70 年代初，逐渐开展了一些有关的研究（中国科学院土壤背景值协作组等，1982）。1983 年，我国将"土壤环境容量"研究列入国家科技攻关项目，至此，土壤环境容量进入了较系统的专题研究阶段。根据土壤环境容量历时近十年的系统研究，夏增禄等分别于 1989 年和 1992 年出版了《土壤环境容量及其应用》、《中国土壤环境容量》等专著，论述了我国主要土壤类型有关环境容量研究成果，揭示了土壤环境容量研究的一般内容和方法，涉及某些污染物的生态效应、环境效应、吸附解吸、分组形态和有效态提取剂的筛选，污染物的净化规律与物流，各主要土类、部分亚类、土种的临界含量和环境容量，归纳分析了我国几种重金属生态效应、土壤临界含量和环境容量的地带性分异规律及其影响因素，并进行了分区。其中土壤重金属的生态效应、临界含量、环境容量的地带性分异规律和分区当时是首次提出，但仅是初步结果，还需要继续丰富、提高、完善（夏增禄等，1992）。1984 年，北京师范大学杨居荣、车宇瑚等发表了《北京地区土壤重金属容量的研究》一文，在建立土壤容量的数学模式上，利用图论工具建立了土壤容量的结构模型，将已有的等比级数的模型作为一个特例包括在内，为土壤容量模型的研究探索了一条新途径。以 As 为重点，提出了北京地区农田土壤中 As、Hg、Cd、Cr 的土壤容量范围值，并对污染发展趋势进行了预测，为北京地区环境质量的控制与治理提供了依据。1988 年，中国科学院林业土壤研究所张学询、熊先哲等开展了辽河下游草甸棕壤重金属环境容量及其应用研究，该研究以土壤生态为研究中心、以污水灌溉为研究对象，基于草甸棕壤基本性质，通过污染现状调查、敏感作物盆栽实验，依据土壤–植物、土壤–微生物、土壤–水体系各项指标，提出了汞、镉、铅、砷、铬的土壤临界含量。结合田间物质平衡实验，建立土壤容量数学模型，综合计算出草甸棕壤的五种重金属环境容量。根据土壤容量，在污灌地区，制定了水质标准和污泥施用量，并进行了土壤环境的预测。"六五"期间，山东农业大学等四家单位进行了山东省主要农业土壤、粮食作物有毒元素背景值的研究。"七五"期间，山东省进行了土壤环境背景值的调查研究。以往的这些研究为进一步研究山东省主要土壤类型重金属的环境容量提供了基础和经验。

1.1 土壤环境容量

20 世纪 60 年代末,罗马俱乐部在《增长的极限》一书中曾提出了环境容量的问题。国际上形成了共同的认识,即环境在一定条件下承受的能力是有限的,是有容量的,在人类社会的发展中要重视这一问题。

环境容量这一概念被引用到环境科学领域则可以追溯到 20 世纪 70 年代。当时,为了保护人群健康,合理利用资源,促进经济发展,环境污染主要由制定的一些环境质量标准和污染物排放标准来控制。但是,由于对环境治理未考虑生态循环和区域平衡,缺乏环境容量的设想和防止污染的总体对策,因此,相继提出了环境容量和总体控制的设想。简而言之,环境容量即是指某一环境区域内对人类活动造成影响的最大容纳量。大气、水、土地等都有承受污染物的最高限值,就环境污染而言,污染物存在的数量超过最大容纳量,这一环境的生态平衡和正常功能就会遭到破坏。土壤环境容量的概念尚在探索之中(王晓蓉,1993),简单地讲,就是指一定时限,一定土壤环境单元对污染物的最大允许负荷,在此允许限度之内,土壤生态系统的结构和功能处于正常状态,保持良好的生产能力,能够永续性地提供符合食品卫生标准的农畜产品,并且不产生对地下水、地表水等环境的次生污染(夏增禄,1986)。王淑莹等(2004)认为"土壤环境容量是人类生存和自然条件生态不受破坏的前提下,土壤环境所能容纳的污染物的最大负荷量"。卢升高等(2004)认为"土壤环境容量是在区域土壤指标标准的前提下,土壤免遭污染所能接受的污染物最大负荷"。张从(2002)将"土壤在环境质量标准的约束下所能容纳污染物的最大数量"称为土壤环境容量,且随环境因素的变化以及人们对环境目标期望值的变化而变化。总之,土壤环境容量(或称土壤负载容量)是指一定土壤环境单元,一定时限内遵循环境质量标准,既能维持土壤生态系统的正常结构与功能,保证农产品质量与生物学质量,同时也不造成环境污染时,土壤能容纳污染物的最大负荷量。不同土壤其环境容量是不同的,同一土壤对不同污染物的容量也是不同的,这涉及土壤的净化能力。土壤环境容量是土壤环境科学领域的一项基础工作,它与土壤的性质和土壤的环境条件关系密切。土壤环境容量研究,以土壤生态为中心,以维持该系统的生态平衡和良性循环为目的。通常对污染物进入土壤后的植物效应,如植物的生理、生态效应,污染物对产量的影响及在植物器官中的残留、累计等研究较多。

一般来说,土壤环境容量主要通过研究土壤环境背景值、临界值、典型污染物迁移转化系数、数学模型等方面来进行。其中,土壤环境容量的确定又以土壤污染物临界含量和污染物迁移转化系数的确定最为关键(夏增禄等,1988;George A G,1977)。

1.2　土壤静态环境容量和土壤动态环境容量

1.2.1　土壤静态环境容量

土壤静态环境容量是指在一定的土壤环境单元和一定的时限内，假定污染物不参与土壤圈物质循环情况下所能容纳污染物的最大负荷量，即土壤污染起始值和最大负荷值之间的差值。若以土壤环境标准作为土壤环境容量的最大允许极限值，则该土壤环境容量的计算值，便是土壤环境标准值减去背景值（或本底值）（陈怀满等，2002）。

1.2.2　土壤动态环境容量

土壤静态环境容量虽然反映了污染物生态效应所容许的最大容纳量，但尚未考虑和顾及到土壤环境的自净作用与缓冲性能，即外源污染物进入土壤后的累积过程中，还要受土壤环境地球化学背景与迁移转化过程的影响和制约，如污染物的输入与输出、吸附与解吸、固定与溶解、累积与降解等，这些过程都处于动态变化中，其结果都能影响污染物在土壤环境中的最大容纳量。因而目前的环境学界认为，土壤环境容量应是静态容量加上这部分土壤的净化量，才是土壤的全部环境容量或土壤的动态环境容量。所以，土壤动态环境容量指在一定的环境单元和一定时限内，假定污染物参与土壤圈物质循环时，土壤所能容纳污染物的最大负荷量。

1.3　土壤表观环境容量、相对容量和安全容量

1.3.1　土壤表观环境容量

以一定研究方法，在一定条件下获得的土壤环境容量称为土壤表观环境容量。土壤作为一个复杂的体系，其环境容量受土壤类型、污染物种类和形态、环境条件、指示生物等多种因素影响，表观环境容量不能反映土壤对污染物的最大容纳量，因此必需修正。修正方法一直是亟须探讨的问题。

1.3.2　土壤相对容量

静态环境容量公式只是研究土壤单一重金属元素环境容量，而对于某区域土壤环境容量而言，往往需要综合考虑各污染元素的综合环境容量。它不是简单将

各元素环境容量叠加,而是综合考虑各元素的相对环境容量并将其有机结合起来。

1.3.3　土壤安全容量

为充分保护土壤环境,使之能长期利用,不影响初级生产者的产量或者质量。杨志忠(1989)提出土壤安全容量的概念。即土壤有一安全系数,据此确定的土壤环境容量为土壤安全容量。

1.4　土壤环境容量区域分异性

由于土壤环境容量受多种因素的影响,包括土壤性质、污染物种类和含量、污染历程等,因而土壤环境容量是通过对自然环境、社会经济、污染状况等进行调查,对污染物生态效应、环境效应、物质平衡等研究后,确定的一个临界含量。

不同地带性(或不同类型)土壤的酸碱度、质地、黏土矿物类型、腐殖质组成、有机质含量及阳离子代换量等均不同。这些直接影响土壤对不同元素的环境容量。因此对某种元素而言,存在着环境容量的区域分异。即不同类型土壤的环境容量所具有的区域性特征称为土壤环境容量区域分异性。这种区域分异应在相同作物条件下进行比较,否则分异性规律有可能被隐域性因素所掩盖。如镉在同一地区对水稻和小麦的效应、危害程度、卫生质量指标等均相差很大。

2 土壤环境容量的理论依据

土壤环境之所以对各种途径来源的污染物具有一定的容纳能力，也即具有一定的环境容量，主要是取决于土壤环境的自净作用和缓冲性能。

2.1 土壤环境的自净作用

土壤环境的自净作用，即土壤环境的自然净化作用，是指在自然因素的作用下，通过土壤自身的作用，使污染物在土壤环境中的数量减少，浓度或毒性、活性降低的过程。只要污染物浓度不超过土壤的自净容量，就不会造成污染。一般地，增加土壤有机质含量，增加或改善土壤胶体的种类和数量，改善土壤结构，可以增大土壤自净容量（或环境容量）。此外，发现、分离和培育新的微生物品种引入土体，以增强生物降解作用，也是提高土壤自净能力的一种重要方法。

土壤具有自净功能，是因土壤中含有各种各样的微生物和土壤动物，对外界进入土壤的各种物质可分解转化；土壤中存在复杂的有机和无机胶体体系，通过吸附、解吸、代换等过程使污染物发生形态变化；土壤是绿色植物生长的基地，通过植物的吸收作用，土壤中的污染物质起着转化和转移的作用。另外，性质不同的污染物在土体中可通过挥发、扩散、分解以及水循环等作用，逐步降低污染物的浓度，减少毒性或被分解成无害的物质。

污染物进入土壤系统后常因土壤的自净作用而使污染物在数量和形态上发生变化，使毒性降低甚至消失。土壤自净能力一方面与土壤自身理化性质如土壤黏粒含量、有机物含量、土壤温湿度、pH 值、阴阳离子的种类和含量等因素有关。另一方面受土壤系统中微生物的种类和数量制约。但是，对相当一部分种类的污染物如重金属、固体废弃物等其毒害很难被土壤自净能力所消除，因而在土壤中不断地被积累，最后造成土壤污染。一旦污染物超过土壤最大容量将会引起不同程度的土壤污染，进而影响土壤中生存的动植物，最后通过生态系统食物链危害牲畜及人体健康。

土壤自净作用包括物理净化作用、物理化学净化作用、化学净化作用和生物净化作用等。土壤环境自净作用的机理既是土壤环境容量的理论依据，又是选择土壤环境污染调控与防治措施的理论基础。

2.1.1 物理净化作用

土壤是多相的疏松多孔体，进入土壤中的难溶性固体污染物可被土壤机械阻留；可溶性污染物可被土壤水分稀释，降低毒性，或被土壤固相表面吸附，可随水迁移至地表水或地下水层；某些污染物可挥发或转化成气态物质通过土壤孔隙迁移到大气介质中。因此，污染物在土壤中的截留、分散、稀释和转移等是土壤物理净化作用。

2.1.2 化学净化作用

污染物进入土壤后，可以发生一系列化学反应。如凝聚与沉淀反应、氧化还原反应、络合-螯合反应、酸碱中和反应、水解、分解、化合反应，或者发生由太阳辐射能和紫外线等引起的光化学降解作用等。通过上述化学反应使污染物转化为无毒物质或营养物质。土壤黏粒、有机质具有巨大的表面积和表面能，有较强的吸附能力，是产生化学和物理化学自净的主要载体，酸碱反应和氧化还原反应在土壤自净过程中也起着主要作用。但对于性质稳定的化合物如多氯联苯、稠环芳烃、塑料和橡胶等难以被化学净化；重金属通过化学净化不能被降解，只能使其迁移方向发生改变。严格地说，土壤黏粒对重金属离子的吸附、配位和沉淀过程等只是改变了金属离子的形态，降低它们的生物有效性，是土壤对重金属离子生物毒性的缓冲性能。从长远来看，污染物并没有真正消除，而相反地在土壤中"积累"起来，最终仍能被生物吸收，危及生物圈。

2.1.3 生物净化作用

由于土壤中含有各种各样的微生物、土壤动物和生长在土壤中的植物，可以对浸入土壤中的各种污染物进行分解、转化。生物净化作用是土壤环境自净作用中最重要的净化途径之一。

病原体进入土壤后，受日光的照射、土壤中不适宜病原微生物生存的环境条件、微生物间的拮抗作用、噬菌体作用以及植物根系分泌的杀菌素等许多不利因素的作用而死亡。

有机污染物进入土壤后，在土壤微生物及其酶作用下，通过生物降解，在不同的条件下，分解和转化产物多种多样，但绝大多数情况下最终转化为无机物或对生物无毒或低毒的物质。

重金属进入土壤后，天然生物通过自身的生命活动积极地改变土壤中重金属的存在状态。如某些微生物代谢产生的柠檬酸、草酸等物质，能与重金属产生螯合或形成草酸盐沉淀；一些微生物能够产生胞外聚合物，其主要成分是多聚糖、糖蛋白、脂多糖等，这些物质含有大量的阴离子基团，从而与重金属离子结合；微生物的细胞壁或黏液层能直接吸收或吸附重金属。另外，微生物活动可改变土壤溶液的 pH 值，从而改变土壤对重金属的吸附特征；微生物也可通过改善土壤的团粒结构、改良土壤的理化性质和影响植物根分泌物等过程间接地影响重金属形态。再如植物根际微区是一个只有 0.1~4mm 的区域，在该区域中，由于植物根系的存在，从而在物理、化学、生物特征方面有异于土体的现象，显著影响重金属在土壤中的活性和生物有效性。根系能分泌有机酸、糖类、氨基酸及其他次生代谢物质，根系分泌物通过与土壤重金属络合、螯合、沉淀及改变根际环境而影响土壤中重金属的有效性。

另外，进入土壤中的污染物，可以被生长的植物所吸收、降解，并随茎叶、种子离开土壤；或被土壤中的蚯蚓等软体动物所食用等也属于土壤环境生物净化作用。

总之，土壤的自净作用是各种物理、化学、生物过程的共同作用、互相影响的结果，土壤的自净能力是有一定限度的，如果利用不当，就会导致土壤自净性能的衰竭甚至丧失，日益形成严重的土壤污染。这就涉及土壤环境容量问题。

2.1.4 影响土壤环境净化作用的主要因素

(1) 土壤环境的物质组成

土壤环境的物质组成主要包括土壤矿质组成和质地、土壤有机质的种类与数量、土壤的元素组成等。

(2) 土壤环境条件

土壤环境条件主要包括土壤的 pH 与 Eh 条件、土壤的水热条件、气候、植被、地形、水文条件等。

(3) 土壤环境的生物学特性

土壤环境的生物学特性是指植被与土壤生物（微生物和动物）区系的种属与数量变化。它们是土壤环境中污染物的吸收固定、生物降解、迁移转化的主力，是土壤生物净化的决定性因素。

(4) 人类的活动

人类活动也是影响土壤净化的重要因素，如长期施用化肥可引起土壤酸化而降低土壤的净化性能；施石灰可提高对重金属的净化性能；施有机肥可增加土壤有机质含量，提高土壤净化能力。

2.2 土壤环境的缓冲性能

2.2.1 狭义的土壤环境缓冲性能

土壤具有一定的抵抗土壤溶液中 H^+ 或 OH^- 浓度改变的能力，称为土壤的缓冲性能。当酸性或碱性物质进入土壤时，土壤胶体表面所吸附的交换性阳离子，通过阳离子交换作用，使土壤溶液中的 H^+ 或 OH^- 浓度变化很小或基本上不起变化。这种土壤胶体的缓冲作用（固相缓冲）是土壤具有缓冲作用的主要原因。此外，土壤溶液中存在的多种弱酸（如碳酸、硅酸、磷酸、腐殖酸和其他有机酸等）及其盐类，组成了一个复杂又良好的缓冲系统，使土壤对酸、碱具有一定的缓冲能力，这是土壤溶液的缓冲作用（液相缓冲）。对于 pH 值<5 的酸性土壤，还存在着铝离子对碱的缓冲作用。土壤的这种能够抵抗外加酸或碱性物质改变土壤酸碱度的能力，称为土壤的缓冲性能或缓冲作用。常用缓冲容量(buffering capacity)来表示土壤缓冲酸碱能力的大小，即使单位(质量或容积)土壤改变 1 个 pH 单位所需的酸或碱量。它是土壤的重要性质之一。

2.2.2 广义的土壤环境缓冲性能

土壤环境对污染（物）的缓冲性在广义上是指土壤因水分、温度、时间等外界因素的变化，抵御其组分浓（活）度变化的性质，其主要通过土壤胶体的离子交换作用、强碱弱酸盐的解离等过程来实现。土壤缓冲性的主要机理是土壤的吸附与解吸、沉淀与溶解。影响土壤缓冲性的因素主要为土壤质量、黏粒矿物、铁铝氧化物、碳酸钙、有机质、土壤 CEC、pH 和 Eh，土壤水分和温度等。其数学表达式为：

$$H=\Delta X/（\Delta T, \Delta t, \Delta w） \tag{2-1}$$

式中，H 代表土壤缓冲性；ΔX 代表某元素浓(活)度变化；ΔT，Δt，Δw 表示温度、时间和水分的变化。

由于土壤具有缓冲性，因而有助于缓和土壤酸碱变化，为植物生长和微生物活动创造比较稳定的生活环境。土壤缓冲作用是因土壤胶体吸收了许多代换性阳离子，如 Ca^{2+}、Mg^{2+}、Na^+ 等可对酸起缓冲作用，H^+、Al^{3+} 可对碱起缓冲作用。土壤缓冲作用的大小与土壤代换量有关，随代换量的增大而增大。

2.2.3 影响土壤缓冲性的主要因素

① 黏粒矿物类型：含蒙脱石和伊利石多的土壤，其缓冲性能也要大一些；

② 黏粒的含量：黏粒含量增加，缓冲性增强；

③ 有机质含量：有机质多少与土壤缓冲性大小成正相关。

一般来说，土壤缓冲性强弱的顺序是腐殖质土>黏土>砂土，故增加土壤有机质和黏粒，就可增加土壤的缓冲性。

3 土壤环境容量的计算依据

3.1 土壤背景值、临界值、标准值

3.1.1 土壤环境背景值及其对土壤环境容量研究的意义

土壤背景值是指土壤在自然成土过程中所形成的固有的地球化学组成和含量，它是指一定区域内自然状态下未受人为污染影响的土壤中元素的正常含量。目前，在全球环境受到污染冲击的情况下，要寻找绝对不受污染的背景值，是非常难的。因此，土壤背景值实际上只是一个相对的概念，只能是相对不受污染情况下，土壤的基本化学组成和含量。因此，土壤元素背景值可以理解为土壤中已经容纳的元素量值，其数值的大小，影响着土壤将能容纳元素的量。

不同土壤类型所形成的环境地球化学背景与环境背景值不同，同时土壤的物质组成、理化性质和生物学特性，以及影响物质迁移转化的水热条件也都因土而异，因而其自净作用与缓冲性能不同。因此，土壤类型的差异直接影响着土壤的环境背景值，进而影响着土壤环境容量的大小。从 20 世纪 60 年代末开始，美国、苏联、英国、日本、联邦德国等国家对土壤环境背景值均做了一定的研究工作。如美国 1961~1974 年在美国大陆采集了 863 个土壤样品,测定了 35 种元素的含量；1975~1984 年又采集了 355 个土壤样品，测定了 50 种元素的背景值；1975~1988 年，在阿拉斯加州采集了 437 个土壤样品，完成了美国全国土壤环境背景值的研究，绘制了 47 种元素土壤背景值含量分级分布图。日本 1978~1982 年对 25 个道县未受污染的农田、园田、林地土壤中 Cu、Pb、Zn、Cd、Ni、Cr、Mn、As 进行了调查，测定了这八种元素的含量，并对统计单元划分、数据处理、背景值的表达方法以及影响元素含量的因素等作了分析研究。苏联、英国等 30 多个国家和地区也不同程度地进行了土壤环境背景值研究，分析项目包括 60 余种重金属元素。

国内，1977 年中国科学院成立了土壤背景值研究协作组，在北京、南京、广州等地开展了调查研究工作。1978 年农牧渔业部组织了农业部门、中国科学院、环保部门和高等院校等 34 个单位，对北京、上海、天津、黑龙江、吉林、山东、江苏、广东、贵州、四川、陕西、新疆等 13 个省、市、自治区的主要农业土壤和粮食作物中九种元素背景值进行了研究。1982 年全国的环境背景值调查研究列入国家"六五"攻关项目，对松辽平原和湘江流域土壤环境背景值进行调查研究。1987 年，全国土壤环境背景值研究又被列为"七五"重点科技攻关项目，在全国

29 个省、市、自治区布点 4000 个，获取了全国 41 个土类中的 13 种必测元素和选择项目中的近 50 种元素的背景值含量。

3.1.2　土壤临界值及其对土壤环境容量研究的意义

土壤临界值是指将土壤生态系统作为整体而采用各种生态效应的综合临界指标，以确定土壤环境对重金属污染物的容纳量。土壤临界值在很大程度上决定着土壤的容纳能力，因而它是建立土壤环境容量模型、计算土壤环境容量、制定环境标准的依据，是土壤环境容量研究中的重要步骤。国内外在开展土壤重金属临界含量的研究中，多选用种植在污染土壤中的单一作物，通过研究作物的忍耐限度或污染物在作物体内以及籽实中允许的含量来实现的。也有的以土壤卫生标准，或环境效应来确定。而以土壤生态为中心，全面研究对环境的效应，通过多学科的综合，来确定土壤的临界值，直到目前，还为数不多。研究内容主要分为作物效应、食品卫生质量标准、土壤卫生学与地表水和地下水污染等几个方面(王作雷，2004；蔡士悦，1992)。

(1) 作物效应

作物效应是指为使作物保持良好的生产力或经济效益，而确定作物的生理指标或者产量降低的程度标准。污染物对作物的危害，可分为由于作物体的吸收、富集而造成残害和直接伤害作物机体或造成生理毒害两类。目前的作物效应采用生物量或产量为具体的危害指标。一般将农作物产量（主要指可食部分）减少 10%~20% 的土壤有害物质的浓度作为土壤有害物质的最大允许浓度(土壤环境容量研究组，1986)。污染物对作物的危害，大体上可分为由于作物体的吸收富集而造成伤害或者是直接伤害作物机体而造成生理毒害两类。日本（Kakuzo K, 1981）研究了砷污染区的稻米产量，计算出三个地区造成水稻减产 10% 的土壤砷分别为 15.12 mg·kg^{-1}、11.46 mg·kg^{-1}、17.81 mg·kg^{-1}。日本规定的土壤质量标准，砷为 15mg·kg^{-1}（1mol·L^{-1} HCl 提取）；铜为 125 mg·kg^{-1}（0.1mol·L^{-1} HCl 提取）。肖玲等(1996)在西北农业大学农一站耕层土中添加不同量砷的春小麦盆栽实验表明，在作物籽粒产量减产 10% 的土壤中砷单体系临界值为 21.94 mg·kg^{-1}。张毅(1992)根据作物减产 10% 的土壤–作物体系的生物效应，确定出了砷在赤红壤、红壤中的单体系临界含量分别为 38 mg·kg^{-1} 和 46.6 mg·kg^{-1}。通过研究表明，由于各地区自然环境条件不同，土壤类型不同以及土壤环境的生物学特性和社会技术因素的不同，即使是同一种重金属，在不同类型土壤中的临界含量也不相同。

(2) 食品卫生质量标准

土壤污染与人体健康之间的剂量效应是通过食物链间接联系的。国家制定的食品卫生标准限制了污染物在粮食和食物中的允许含量,即当作物可食部分某元素的含量达到食品卫生指标限量时,相应土壤中某元素含量为最大允许浓度。很多国家,包括我国制定的食品卫生标准,限制了污染物在粮食和食品中的允许含量,同时还规定了某些污染物的每人每周允许摄入量(ADI),如联邦德国粮食卫生标准规定(Kloke A, 1983):Cr 为 0.4 mg·kg^{-1},Pb 为 0.5 mg·kg^{-1}, Cd 为 0.2 mg·kg^{-1}。以农产品质量标准中粮食污染物的允许含量作为变量,以土壤中相应的污染物浓度作为自变量,通过实验或调查研究,取得足够多的样品,建立两者之间的函数方程,并通过拟合就可计算出土壤污染物的允许含量。涂从(1992)等用莴苣作为供试作物进行盆栽实验,按联合国粮农组织与世界卫生组织联合规定的食品卫生标准(0.25μg As·g^{-1}),分别确定了黄壤、酸性紫色土、中性紫色土、石灰性紫色土、冲积土五种土壤砷的临界值为:23.8 mg·kg^{-1}、21.6 mg·kg^{-1}、14.7 mg·kg^{-1}、10.1 mg·kg^{-1}、16.8 mg·kg^{-1}。南忠仁(1995)对甘肃省白银市的灰钙土进行了调查研究,以 GB-2707-2763—81 食品卫生国家标准为参照量,由土壤-作物系统相关方程求得研究区的 Cd 和 Pb 的临界含量分别为 7.00 mg·kg^{-1} 和 77.25 mg·kg^{-1}。可见,即使在同一区域,由于土壤类型不同,土壤的 pH 值、可交换阳离子容量(CEC)、有机物含量、碳酸盐含量、氧化还原能力、DOC 和温度等不同(王学锋等,2003),土壤重金属的临界含量和环境容量也不相同,需要进行较为详细的研究。

(3) 微生物效应

为了保持土壤生态的正常功能和良性循环,对土壤微生态系统的规定指标,包括流行病学法和血液浓度指标等。其中,土壤的固氮、酶活性和呼吸作用是最敏感的指标。当土壤中某些重金属超过背景值仅数个 ppm,就开始表现出抑制作用。土壤真菌对重金属污染也很敏感,如其数量在污染土壤中剧增,其他微生物的数量则相应减少。意大利的 S. Coppola 等(1983)研究了不同性质的两种土壤,在以 CdSO$_4$ 处理后,视其对固氮菌和固氮酶活性的影响,发现在 2~4 mg·kg^{-1} Cd 处理中,已使固氮活性显著下降,固氮菌数量也相应减少。殷宗慧等(1993)研究发现,在西北地区的灰钙土中以固氮菌数减少 50%左右为指标,其铅的投加浓度>1500 mg·kg^{-1},铅对呼吸强度、土壤碱性磷酸酶和脱氢酶的抑制率≥25%时的浓度为:300~500 mg·kg^{-1}、700 mg·kg^{-1}、1000~1500 mg·kg^{-1}。土壤代谢功能受铅抑制的临界含量(投加量+本底)均大于 300 mg·kg^{-1}。根据前人已有的研究成果(熊先哲等,1998;吴燕玉等,1997),土壤微生物单体系的重金属临界含量值一般都远大于其他指标体系的临界值。当微生物数量减少 10%~15%或土壤酶活性降低 10%~15％时，土壤有害物质的浓度为最大允许浓度（袁国玲等，2005）。

(4) 土壤环境效应

土壤环境效应是指对地面水、地下水及其他环境要素的影响限量等。美国 K. W. Brown (1983)利用渗滤（lysimeter）研究 Cd,Cu,Ni 和 Zn 的运动规律，发现土壤投加重金属后大多集中在表层，并随深度增加而减少，25cm 以下影响不显著。意大利 E.Sabbioni 研究了施用磷肥后可能对地下水质量的影响，通过建立数学模型，根据欧洲的参数预测 Cd 的迁移，36 年后可能引起地下水镉的污染，必须限制镉的输入量。因此，为防止重金属从土壤中导致地下水和地表水的污染，有必要将其作为制定重金属土壤环境临界含量的重要指标，它的研究涉及区域环境、水文、地质条件、土壤性质等。

土壤临界含量是土壤所能容纳污染物的最大负荷量，是土壤环境容量研究中的一个主要内容（党国英，2005）。土壤作为一个生态系统，它由水-土壤-生物（包括植物、土壤微生物、土壤动物）体系组成，并与外界环境相互作用形成一个有机的自然体。在获得土壤污染物的各种生态效应、环境效应及各单一体系的临界含量后，采用各种效应的综合临界指标，得出整个土壤生态系统的临界含量，以此作为国家制定土壤环境标准的依据和计算土壤环境容量的依据，是土壤环境容量研究中的重要步骤。确定土壤临界含量的指标体系和依据，如表 3-1 所示。

表 3-1　确定土壤临界含量的依据

体系	内容		目的	指标	级别
土壤-植物		人体健康	防止污染食物链保证人体健康	国家或政府主管部门颁发的粮食卫生指标	仅一种
		作物效应	保持良好的生产力和经济效益	生理指标或是产量降低程度	减产 10%；减产 20%
土壤-微生物	生物效应	生化指标	保持土壤生态处于良性循环	一种以上的生物化学指标出现的变化	≥25%；≥15%；≥10%~15%
		微生物计数		微生物计数指标出现的变化	≥50%；≥30%；≥10%~15%
土壤-水	环境效应	地下水	不引起次生水环境污染	不导致地下水超标	仅一种
		地表水		不导致地表水超标	仅一种

注：表引自夏增禄等（1992）。

3.1.3　土壤标准值及其对土壤环境容量研究的意义

国家《土壤环境质量标准》（GB15618—1995）按土壤应用功能、保护目标和土壤主要性质，规定了土壤中污染物的最高允许浓度指标值。根据土壤应用功能和保护目标，划分为三类：

I类为主要适用于国家规定的自然保护区（原有背景重金属含量高的除外）、集中式生活饮用水源地、茶园、牧场和其他保护地区的土壤，土壤质量基本上保持自然背景水平。

II类主要适用于一般农田、蔬菜地、茶园果园、牧场等的土壤，土壤质量基本上对植物和环境不造成危害和污染。

III类主要适用于林地土壤及污染物容量较大的高背景值土壤和矿产附近等地的农田土壤（蔬菜地除外）。土壤质量基本上对植物和环境不造成危害和污染。

土壤质量标准分级为：

一级标准 为保护区域自然生态、维持自然背景的土壤质量的限制值。

二级标准 为保障农业生产，维护人体健康的土壤限制值。

三级标准 为保障农林生产和植物正常生长的土壤临界值。

各类土壤环境质量执行标准的级别规定如下：

I类土壤环境质量执行一级标准；

II类土壤环境质量执行二级标准；

III类土壤环境质量执行三级标准。

土壤环境质量标准规定的三级标准值，见表3-2。

表3-2 土壤环境质量标准值（mg·kg^{-1}）

土壤项目	级别 pH值	一级 自然背景	二级			三级
			<6.5	6.5~7.5	>7.5	>6.5
镉 ≤		0.20	0.30	0.30	0.60	1.0
汞 ≤		0.15	0.30	0.50	1.0	1.5
砷 水田 ≤		15	30	25	20	30
旱地 ≤		15	40	30	25	40
铜 农田等 ≤		35	50	100	100	400
果园 ≤		—	150	200	200	400
铅 ≤		35	250	300	350	500
铬 水田 ≤		90	250	300	350	400
旱地 ≤		90	150	200	250	300
锌 ≤		100	200	250	300	500
镍 ≤		40	40	50	60	200
六六六 ≤		0.05	0.50			1.0
滴滴涕 ≤		0.05	0.50			1.0

注：摘自《中国土壤环境质量标准》（GB15618—1995）。

3.2　影响土壤环境容量的因素

3.2.1　土壤类型

不同土壤类型所形成的环境地球化学背景与环境背景值不同，同时土壤的物质组成、理化性质和生物学特性以及影响物质迁移转化的水热条件也都因土而异，因而其净化性能和缓冲性能不同（杨明伟，2005）。如元素组成、机械组成、有机质和矿物质的成分与含量、pH 值、氧化还原电位等。不同类型土壤对环境容量有显著影响，例如土壤 Cu、Pb、Cd 容量，大体上由南到北随土壤类型的变化而逐渐增大，而 As 的变动容量在南方酸性土壤一般较高，在北方土壤一般较低。即使同一母质发育的不同地区的黄棕壤，对重金属的土壤化学行为的影响和生物效应均有显著的影响。

3.2.2　土壤理化性质

土壤理化性质是指土壤酸碱度、有机质、化学元素或化合物的存在形态及其物理、化学性质。土壤酸碱度对土壤肥力、土壤微生物的活动、土壤有机质的合成与分解、各种营养元素的转化和释放、污染物在土壤中的累积和环境效应、微量元素的有效性以及动物在土壤中的分布都有着重要影响。土壤有机质虽然含量少，但对土壤物理、化学、生物学性质影响很大，从而影响着土壤中有机类污染物的迁移转化。

3.2.3　自然环境条件

区域自然环境条件，包括气候条件、植被、地形、水文条件等。气候与植被、水文、地形、土壤的关系是相互作用、相互影响的，不同区域的自然环境不同，其土壤类型、酸碱度、化学组分及其物理化学性质不同，对污染物的环境容量也不同。土壤与大气、水、植被等环境要素间元素迁移的通量，土壤与岩石之间元素的迁移与转化，土壤与大气之间的大量气体及痕量气体的交换与平衡，土壤与水之间的水分循环与物质运动，土壤与植物之间养分元素的交换与平衡，影响着土壤的环境容量。

3.2.4　土壤环境的生物学特性

土壤环境的生物学特性对土壤性质有重大影响，也影响土壤污染物的净化功能。它们的作用是嚼细、分解动植物残体，使之不断降解；翻动、搅拌土壤矿物质和有机质，促进土壤团粒结构的形成。土壤生物对进入土壤中的污染物有一定忍受限度，超过这一限度便会削弱甚至危及它们的生命活动和生存，因此就降低或破坏土壤的净化功能。

3.2.5　社会技术因素

随着社会技术的进步，生物修复、物理修复、化学修复及其联合修复技术在内的污染土壤修复技术体系已经形成，并积累了不同污染类型场地土壤综合工程修复技术应用经验，出现了污染土壤的原位生物修复技术和基于监测的自然修复技术等研究的新热点。同时，这些新技术对改善土壤性质、提高土壤肥力，提高土壤环境容量起到了积极的作用。

4 土壤环境容量模型

环境数学模型是环境系统变化规律的数学表达。它既要充分体现现实系统的本质特征，同时也要对真实系统加以科学的抽象和简化。土壤环境容量的数学模型用以描述土壤生态系统与其边界环境中各参数构成的定量关系，用以表达土壤环境容量范畴的客观规律（夏增禄等，1988）。

4.1 土壤环境静态容量模型

土壤环境静态容量模型实际上是用静止的观点表征土壤环境容纳的能力。当土壤环境标准确定后，根据土壤环境静态容量的概念，可由式（4-1）来计算土壤静态容量（夏增禄等，1992；1988）

$$C_{s0} = 10^{-6} M (C_i - C_{Bi}) \tag{4-1}$$

式中，C_{s0} 为土壤静态容量，$kg \cdot hm^{-2}$；M 为每公顷耕作层土壤重，$2.25 \times 10^6 kg \cdot hm^{-2}$；$C_i$ 为某污染物的土壤环境标准，$mg \cdot kg^{-1}$；C_{Bi} 为某污染物的土壤背景值，$mg \cdot kg^{-1}$；10^{-6} 为量纲转换系数。

显然式（4-1）表达土壤静态容量模型的实质是：土壤环境质量标准是个定值，不同类型土壤环境背景值差异决定了土壤环境静态容量的高低，两者差值越大，土壤环境容量越高。

土壤静态容量的另一计算公式为

$$W = 10^{-6} M (C_{ic} - C_{ib} - C_{i0}) = 10^{-6} M (C_{ic} - C_{ip}) \tag{4-2}$$

式中，W 为某元素达到临界含量值的环境容量，$kg \cdot hm^{-2}$；M 为每公顷耕作层土壤重，$2.25 \times 10^6 kg \cdot hm^{-2}$；$C_{ic}$ 为土壤中某种污染元素的临界含量值，$mg \cdot kg^{-1}$；C_{ib} 为土壤中该元素的背景值，$mg \cdot kg^{-1}$；C_{i0} 为已进入土壤的该种元素的含量值，$mg \cdot kg^{-1}$；$C_{ip} = C_{ib} + C_{i0}$，为土壤中该元素的现状值，$mg \cdot kg^{-1}$；10^{-6} 为量纲转换系数。

式（4-1）简单、明了，参数容易取得，能够表征土壤静容量；式（4-2）需要长期、大量的实验数据做支持，参数不易取得。

由于土壤静态容量模型简单，许多研究者为了大体估计某区域重金属的环境容量，常计算土壤重金属静态环境容量，如：南忠仁（1995）计算了甘肃省白银市灰钙土中 Cd、Pb 的静态环境容量分别为 5.850 kg·hm^{-2} 和 30.375 kg·hm^{-2}。廖金凤（1999）计算了广东省南海市农业土壤中 Cu、Zn、Ni 的土壤静态环境容量分别为 185.58 kg·hm⁻²、292.88 kg·hm⁻² 和 63.92 kg·hm⁻²，为土壤环境污染调控与防治提供了科学依据。

4.1.1 模型参数的确定

土壤环境静态容量模型参数主要包括：土壤中污染元素的环境背景值、临界值和控制年限。

(1) 土壤环境中污染元素的背景值

土壤元素背景值是指土壤中已经容纳的元素量值，其数值的大小，影响着土壤将能容纳元素的量。土壤中污染元素的背景值一般采用某地背景值的调查研究成果。

(2) 土壤环境中污染元素的临界值

土壤中污染元素的临界值是指土壤所能容纳污染物的最大负荷量，是土壤环境容量研究的一个重要方面。由于各地土壤组成差异较大，要给土壤环境制定统一的标准或允许限值是较困难的（廖金凤，1999）。根据污染元素的生物地球化学特性和对生物的毒性，参考我国《土壤环境质量标准》（GB15618—1995），《农产品安全质量 无公害蔬菜产地环境要求》（GB/T 18407.1—2001），确定出土壤中污染元素的允许限值。

(3) 控制年限

控制年限可以分为近期、中期和远期，主要是看土壤中污染元素达到临界值时，设定一定年限，在这个年限内每公顷土壤每年允许的累积量，设定的年限越长，土壤中污染物静态环境容量将越小。

4.1.2 计算实例

(1) 土壤环境背景值

假设某地三种土壤类型土壤表层（0~20cm）Cu、Zn、Pb、Cd 的平均背景值，如表 4-1 所示。

表 4-1 某地土壤的环境背景值 （mg·kg⁻¹）

土壤类型	Cu	Zn	Pb	Cd
类型 1	24	65	20	0.0893
类型 2	22	63	26	0.0927
类型 3	20	57	31	0.0503

(2) 环境临界值

假设某地三种土壤类型土壤 Cu、Zn、Pb、Cd 的土壤环境临界值,如表 4-2 所示。

表 4-2　某地土壤的环境临界值 (mg·kg^{-1})

土壤类型	Cu	Zn	Pb	Cd
类型 1	100	250	300	0.6
类型 2	100	300	350	1.0
类型 3	50	200	250	0.3

(3) 土壤静态环境容量的计算

土壤环境容量主要应用于控制农田污染,预测较长时间内农田污染趋势,因此,根据土壤中 Cu、Zn、Pb、Cd 的背景值及其允许含量,分别以 10a,20a,50a 和 100a 为控制年限,采用土壤静态容量计算公式,计算土壤中上述元素的静态环境容量,见表 4-3。

表 4-3　山东省主要土壤类型重金属静态环境容量 (kg·hm^{-2}·a^{-1})

土壤类型	年限/a	Cu	Zn	Pb	Cd
类型 1	10	17.1	41.6	63.0	0.1149
	20	8.6	20.8	31.5	0.0575
	50	3.4	8.3	12.6	0.0230
	100	1.7	4.2	6.3	0.0115
类型 2	10	17.6	53.3	72.9	0.2041
	20	8.8	26.7	36.5	0.1021
	50	3.5	10.7	14.6	0.0408
	100	1.8	5.3	7.3	0.0204
类型 3	10	6.8	32.2	49.3	0.0562
	20	3.4	16.1	24.6	0.0281
	50	1.4	6.4	9.9	0.0112
	100	0.7	3.2	4.9	0.0056

由表 4-3 可知,重金属 Cu、Zn、Pb、Cd 在不同类型土壤中的静态容量排序均为:类型 2>类型 1>类型 3。

4.1.3　存在的问题

静态容量是根据土壤的环境背景值和环境标准的差值来推算容量的一种方法,这一模型参数简单,应用方便。但是它是从静止的观点来度量土壤的容纳能力,没考虑土壤系统自身净化作用和受外界作用迁移转化污染物等影响因素,具有一定的局限性。

4.2　土壤环境动态容量模型

污染物在土壤中实际上是处于动态平衡过程。一方面污染物通过大气沉降、施用污泥和污灌、施用农药和化肥等进入土壤。另一方面一部分污染物可以通过植物吸收、地表径流和淋溶等方式从土壤中迁移出。因此，土壤相对于土壤环境质量标准所能容纳的量是一种变动的量值，即土壤具有变动的容量（叶嗣宗，1992a；b）。目前人们已研究出一些动态模型，如物质平衡线性模型、土壤污染动力学方程模型、微分方程模型和土壤系统结构模型等，用来模拟计算土壤环境动态容量（王世耆等，1993；车宇瑚等，1984）。

4.2.1　数学模型

(1) 物质平衡线性模型

物质平衡线性模型假定土壤污染物的输出量与土壤污染物含量之间呈直线关系，应用逐年递推方法得出式（4-3）：

$$C_{st} = C_{s0}K^t + BK^t + QK\frac{1-K^t}{1-K} - Z\frac{K-K^t}{1-K} \tag{4-3}$$

式中，Q 为污染物总输入量；K 为污染物的残留率；C_{st} 为 t 时刻的土壤污染物含量；C_{s0} 为土壤污染物初值；B 为背景值；Z 为常数。该模型可描述土壤中重金属的累积过程，土壤重金属污染物含量变化主要取决于残留率 K。

(2) 土壤污染动力学模型

根据污染物输入和输出过程导出的动力学模型为：

$$\frac{dS_{(t)}}{dt} + \left[S_{(t)} - S_0\right]K_{(t)} - V = 0 \tag{4-4}$$

$$S_{(t)} = S_t,$$

$$t = 0$$

$K_{(t)}$ 是污染因子含量的函数，它实际上就是污染物通过各种途径向土壤外界环境的迁移系数，主要包括植物的吸收迁移、淋溶迁移、径流迁移等。可用式（4-5）表示：

$$K_{(t)} = \frac{\text{实际迁出速率}(\Delta t)}{\text{可迁出的量}(t_0 到 t_1 时刻)} \tag{4-5}$$

求解式(4-4)得解析解为:

$$S_{(t)} = S_0 + \frac{V}{K_{(t)}} + (S_s - S_0 - \frac{V}{K_{(s)}})e^{K_{(t)}t} \tag{4-6}$$

式中,$S_{(t)}$为污染因子 t 时刻积累量;S_s 为污染因子初始含量;S_0 为污染因子背景含量;V 为污染因子输入速率;$K_{(s)}$为污染因子迁出系数。赵录等(1996)通过淋滤实验并用式(4-7)以 10km×10km×0.1m 为计算单元(土重约 $2×10^7$ t),100 年为计算年限,计算出成都黏土铅的环境容量为 3.81t·a^{-1}。

叶嗣宗(1992a)又将式(4-7)进行了变形

$$S_i = C_i K^n + 10^6 \frac{Q_{in}}{M} K \frac{1-K^n}{1-K} \tag{4-7}$$

式(4-7)变形后为式(4-8):

$$Q_{in} = 10^{-6} M \left(S_i - C_i K^n \right) \frac{1-K}{K(1-K^n)} \tag{4-8}$$

式(4-7)中,S_i 为若干年后土壤中重金属元素 i 含量的允许限值,mg·kg^{-1};C_i 为土壤中元素 i 的现状值,mg·kg^{-1};K 为污染物的残留率(常量);Q_{in} 为土壤中重金属元素 i 的年动态容量,kg·hm^{-2};M 为每公顷 0~20cm 的表层土壤重量,$2.25×10^6$ kg·hm^{-2};n 为控制年限。据式(4-7)计算出了上海市土壤中汞含量:1978 年、1983 年、1987 年的值分别为 0.216 mg·kg^{-1}、0.148 mg·kg^{-1}、0.109 mg·kg^{-1},与实测值 0.216 mg·kg^{-1}、0.150 mg·kg^{-1}、0.092 mg·kg^{-1} 非常接近。杜金辉等(2007)也通过此式变形计算出了崂山风景区土壤重金属的动态环境容量。

　　对土壤环境动态容量的研究中,一项重要的工作就是确定重金属在土壤中的输出过程,进而确定其在土壤中的残留率 K。K 值的研究难点在于土壤中污染物的输出是一个复杂的过程,受土壤性质、植被类型、降雨量以及地形地貌等多种因素的影响,其精确值的确定较为困难。因此,K 值的获得需经过大量的模拟实验、田间试验、实地调查等。尽管土壤动态容量模型复杂,参数获得困难,计算麻烦,但土壤动态容量模型能更好地反映实际情况,研究结果可为科学合理的利用土壤环境容量提供依据。在以往土壤环境容量研究中往往对研究区域的污染物临界含量研究较多,而对残留率的研究较少。

(3) 微分方程模型

通过土壤元素平衡方程的微分方法得到的微分方程如下：

$$V\frac{\mathrm{d}C_\mathrm{s}}{\mathrm{d}t} = I - W_\mathrm{e}T_\mathrm{e} - W_\mathrm{g}T_\mathrm{g} - VT_\mathrm{n} - VT_\mathrm{h} \tag{4-9}$$

其中：

$$T_\mathrm{e} = a_\mathrm{e} + b_\mathrm{e}C_\mathrm{s} \tag{4-10}$$

$$T_\mathrm{g} = a_\mathrm{g} + b_\mathrm{g}C_\mathrm{s} \tag{4-11}$$

$$T_\mathrm{n} = a_\mathrm{n} + b_\mathrm{n}C_\mathrm{s} \tag{4-12}$$

$$T_\mathrm{h} = b_\mathrm{h}C_\mathrm{s}$$

式（4-9）中，V 为耕层土重，$2.25 \times 10^6\,\mathrm{kg \cdot hm^{-2}}$；$C_\mathrm{s}$ 为土壤中某元素浓度，$\mathrm{mg \cdot kg^{-1}}$；$t$ 为时间，a；I 为总输入量；W_e 为籽实产量，$\mathrm{kg \cdot hm^{-2}}$；$W_\mathrm{g}$ 为茎叶产量，$\mathrm{kg/h}$；T_e 为籽实中某元素浓度，$\mathrm{mg \cdot kg^{-1}}$；$T_\mathrm{g}$ 为土壤某元素淋失量，$\mathrm{mg \cdot kg^{-1}}$；$T_\mathrm{h}$ 为土壤某元素随地表径流迁移量，$\mathrm{mg \cdot kg^{-1}}$；$b_\mathrm{h}$ 为土壤某元素随地表径流的年迁移率；a_e、b_e、a_g、b_g、a_n、b_n 为常数。

式（4-9）经整理可得

$$V\frac{\mathrm{d}C_\mathrm{s}}{\mathrm{d}t} = I - A - BC_\mathrm{s} \tag{4-13}$$

式中，A 为各常数项之和；B 为 C_s 各常数项之和。

当 $t=0$ 时，$C_\mathrm{s}=C_0$，得到

$$\frac{I - A - BC_\mathrm{s}}{I - A - BC_0} = \exp\left(-\frac{B}{V}t\right) \tag{4-14}$$

当 $C_\mathrm{s}=C_\mathrm{sr}$（即临界含量）时，

$$I = A + \frac{B\left[C_\mathrm{sr} - C_0\exp\left(-\dfrac{B}{V}t\right)\right]}{1 - \exp\left(-\dfrac{B}{V}t\right)} \tag{4-15}$$

式中，A、B 为系数；V 为耕作层土重，$2.25 \times 10^6\ \mathrm{kg \cdot hm^{-2}}$；$C_\mathrm{sr}$ 为土壤临界含量，$\mathrm{mg \cdot kg^{-1}}$；$I$ 为年动容量，$\mathrm{mg \cdot kg^{-1}}$。

4.2.2　模型参数的确定

土壤环境动态容量模型参数主要包括：土壤中污染元素的环境背景值、临界值、控制年限和土壤中污染物的残留率，其中残留率的确定主要通过植物吸收系数、淋溶系数和径流迁移系数确定。

土壤中污染元素的环境背景值、临界值和控制年限的确定同静态容量模型参数的确定方法相同。土壤中污染物残留率的确定如下：

(1) 植物吸收系数

植物吸收系数是计算土壤重金属动态环境容量关键迁出系数之一。植物吸收系数的研究常采用盆栽实验、大田试验的方法。绝大多数研究认为，植物吸收重金属后其含量分布大小顺序为：根>茎>叶>籽实。因此，选用叶菜类蔬菜研究土壤重金属临界值，可以认为是最小临界值，据此计算出的土壤环境容量为最低环境容量，这有利于最大限度地保护土壤环境。

(2) 淋溶系数

重金属的淋溶迁移是一个复杂的物理化学过程，既有垂直运动，又有水平扩散；既有溶解、解吸作用，又有水解、配位反应，是物理化学因素相互作用达到动态平衡的结果。影响重金属在土壤中迁移的因素主要是 pH 值，同时还受土壤 Eh 值、有机质含量、CEC、土壤胶体、有机和无机配体的数量等因子影响。一般来说，水溶性大的污染物，淋溶作用较强；土壤性质不同，对污染物淋溶性能的影响也不同，土壤黏粒含量愈低，其持水量愈低，这样就使单位体积土壤内的比表面积减少，降低了土壤对污染物的吸附性能，从而增强了污染物的迁移性能；土壤有机质含量愈高，吸附性能愈强，这样就会减弱污染物的淋溶能力。通过柱状淋溶模拟实验，研究土壤污染物淋溶系数，为区域土壤环境容量建模提供科学依据。

(3) 径流迁移系数

耕地中重金属的迁移主要伴随着土壤侵蚀过程而发生，迁移的重金属主要以溶解态和固态两种方式进行迁移，前者随径流迁移，后者随泥沙迁移。土壤中重金属的迁移一般通过人工降雨下的径流模拟实验进行，但是降雨形成的径流除受降雨强度影响外，还受作物种类、土壤性质、坡度和坡长等的影响，需要选择不同类型农田设置试验点，研究区域小，工作量较大，且受区域条件的限制，很难反映出较大区域土壤中重金属的迁移量。为便于研究，可通过选用合适的土壤流失模型估算土壤流失量,从而计算出通过农田径流流失的污染物量。GIS 具有强大的数据管理和空间分析功能,可根据下垫面情况将区域离散化为不同的单元,将 GIS 与土壤侵蚀模型相结合,计算区域内不同单元的土壤侵蚀量,体现土壤侵蚀空间异质性,借助于 GIS 的空间分析功能求得研究区域的坡度等影响土壤流失的因素,探讨区域耕地土壤侵蚀量,为研究区域耕地土壤中污染物流失量提供依据。

4.2.3 计算实例

(1) 土壤中污染物的背景值、临界值和控制年限

为了计算的方便,土壤中污染物的背景值、临界值和控制年限选用土壤静态容量计算实例中的相关数据。

(2) 土壤中重金属残留率的计算

将土壤中污染物向外迁移的植物吸收、地下渗漏和地表径流三种系数转化为标化系数,即转化为单位质量土壤中污染物的迁移率,进行数学运算将得到不同类型土壤污染物的残留率。

①植物吸收系数

根据大田试验研究,得到植物一年吸收的重金属占土壤中重金属含量的比率,见表 4-4。

表 4-4 单位质量土壤中植物对重金属的吸收率(%)

土壤类型	Cu	Zn	Pb	Cd
类型 1	0.155	0.208	0.064	2.075
类型 2	0.107	0.176	0.043	2.443
类型 3	0.197	1.024	0.405	2.469

②淋溶系数

一年内单位质量耕层土壤中重金属通过渗漏向下迁移的重金属,除以单位土壤中重金属的含量,得到一年内土壤中重金属的渗漏率,见表 4-5。

表 4-5 单位质量土壤中重金属的渗漏率(%)

土壤类型	Cu	Zn	Pb	Cd
类型 1	0.452	3.620	0.270	12.500
类型 2	0.354	2.730	0.210	10.000
类型 3	0.456	5.620	0.360	12.600

③径流迁移系数

一年内通过径流损失的重金属量，可根据土壤的流失量来计算，得到一年内通过径流单位质量耕层土壤中重金属的迁移系数见表 4-6。

表 4-6　单位质量土壤中重金属的径流迁移系数（%）

土壤类型	Cu	Zn	Pb	Cd
类型 1	2.720	2.720	2.720	2.720
类型 2	1.180	1.180	1.180	1.180
类型 3	2.290	2.290	2.290	2.290

把植物对重金属的吸收率、重金属向下层土壤的渗漏率和重金属的径流迁移系数相加，得到一年内重金属的输出系数。根据输出系数加残留率等于 1，最后得到土壤中各重金属的残留率 K，见表 4-7。

表 4-7　不同土壤类型中重金属的残留率（%）

土壤类型	Cu	Zn	Pb	Cd
类型 1	96.673	93.452	96.946	82.705
类型 2	98.359	95.914	98.567	86.377
类型 3	97.057	91.066	96.945	82.641

(3) 动态环境容量计算

根据土壤中 Cu、Zn、Pb、Cd 的背景值、允许含量以及残留率 K 值，分别以 10a、20a、50a、100a 为控制年限，计算出不同类型土壤中上述元素的动态环境容量，见表 4-8。

表 4-8　山东省主要土壤类型重金属的动态环境容量（$kg \cdot hm^{-2} \cdot a^{-1}$）

土壤类型	年限/a	Cu	Zn	Pb	Cd
褐土	10	22.440	69.614	75.370	0.325
	20	13.860	49.587	44.155	0.288
	50	9.079	40.438	26.560	0.282
	100	7.951	39.447	22.191	0.281
潮土	10	19.880	72.447	79.710	0.451
	20	11.151	46.109	43.121	0.373
	50	6.008	31.963	21.468	0.355
	100	4.440	29.110	14.725	0.354
棕壤	10	8.714	64.406	60.562	0.162
	20	5.670	49.855	35.848	0.144
	50	3.946	44.441	21.918	0.142
	100	3.509	44.150	18.459	0.141

由表 4-8 可见，每种土壤不同年限下的平均动态年容量，10a＞20a＞50a＞100a；同一种重金属在不同土壤类型中的动态容量不同。在不同控制年限，不同土壤类型中的动态容量排序不同，是由于在较短控制年限内动态容量受土壤中重金属的背景值和允许限值影响较大，而较长年限内受土壤中重金属残留率影响较大的原因。

4.2.4 存在的问题

由于土壤中污染物的输出是一个复杂的过程，土壤中污染物残留率 K 值受土壤性质、植被类型、降雨量以及地形地貌等多种因素的影响，其精确值的确定较为困难。

我国幅员辽阔，自然条件多变，土壤性质各异。由于污染物进入土壤后的物理、化学、生物过程受土壤性质、自然条件的影响，因此污染物表现出的毒性程度、迁移、转化、净化等特性都是不同的，土壤动态环境容量的研究还应该根据各地的具体情况进行，不宜大范围制定硬性的统一标准。

4.3 其他土壤环境容量模型

4.3.1 土壤相对容量模型

静态环境容量公式只是研究土壤单一元素的环境容量，而对于某区域土壤环境容量而言，往往需要综合考虑多种元素的综合环境容量。它不能简单将各元素环境容量叠加。因此，于磊等（2004）引入相对环境容量概念，如下式：

$$R_{ci} = \frac{C_s - C_i}{C_s} \tag{4-16}$$

$$R_c = \frac{1}{n} \sum_{i=1}^{n} R_{ci} \tag{4-17}$$

式（4-16）和（4-17）中，C_s 为选定的容量标准；C_i 为各样点土壤中元素的现状值；R_{ci} 为元素的相对环境容量；R_c 为综合相对环境容量。

对环境容量分级标准如下：

$$0 \leqslant R_{ci} < 0.45 \qquad 为低容量区；$$
$$0.45 \leqslant R_{ci} < 0.75, \qquad 为中容量区；$$
$$R_{ci} \geqslant 0.75, \qquad 为高容量区；$$

$$R_{ci} < 0, \qquad\qquad 为超载区。$$

该方法的关键是 C_s 的确定。由于不同地带性（或不同类型）土壤的酸碱度、质地、黏土矿物类型、腐殖质组成、有机质含量及阳离子代换量等均直接影响土壤对不同元素的环境容量，致使土壤环境容量的区域差异很大。因此，C_s 的确定十分困难。于磊等（2004）在对黑土区相对环境容量进行研究时，参考夏增禄等（1988）的推荐标准，结合黑土区的实际情况，确定了黑土环境容量标准 C_s（表4-9）。

表 4-9 黑土区土壤环境容量推荐值（mg·kg^{-1}）

元素	Pb	As	Zn	Cu	Cr	Co
C_s	250	30	200	100	150	55

祁轶宏（2006）利用于磊（2004）提出的相对环境容量，研究出铜陵地区土壤重金属单元元素的相对环境容量。

4.3.2 土壤安全容量

为充分保护土壤环境，使之能长期利用，不影响初级生产者的产量或者质量。杨志忠（1989）提出土壤安全容量的概念。即土壤有一安全系数，据此确定的土壤环境容量为土壤环境的安全容量。计算公式如下：

$$S = Q \times X \qquad\qquad (4\text{-}18)$$

$$W = S/K \qquad\qquad (4\text{-}19)$$

式（4-18）和式（4-19）中，Q 为土壤环境某污染物的容量，g·hm^{-2}；S 为土壤环境安全容量，g·hm^{-2}；X 为给予的安全系数；K 为污染物在土壤环境中的年残留量；W 为安全使用年限。

土壤残留率 K 值取决于土壤污染物的输出和输入量，是与污染物性质、土壤类型、环境因素等有关的参数，可根据下式求得：

$$K = I - O$$

$$I = I_1 + I_2 + \cdots + I_n$$

$$O = O_1 + O_2 + \cdots + O_n$$

式中，I 为污染物的年输入量，$I_1 \cdots I_n$ 为输入因素，g·hm^{-2}；O 为污染物的年输出量，$O_1 \cdots O_n$ 为输出因素，g·hm^{-2}。杨志忠（1989）在研究某排氟工厂投产前的环境影响评价时，<u>应用这些</u>方法对周围农田土壤的氟容量和安全使用年限进行了估算。

4.3.3　土壤环境容量预测模型

农业土壤中重金属的环境容量及预测，日益受到国内外农业环保科学工作者的重视。吴燕玉等（1981）应用环境容量的概念与计算，实验研究农作物中重金属与土壤重金属的关系、污染物年输入量，利用本地各重金属的环境容量的现状值达到控制污染和预测污染的目的。

罗春等（1986）根据国内公认的土壤中重金属的环境容量概念，提出土壤质量预测模式，绘制出土壤重金属含量预测曲线，对易家墩地区土壤中重金属的区域容量及质量进行了预测，其公式如下：

$$Y = \frac{1}{K}(S - C) = \frac{Q_p}{K} \qquad (4\text{-}20)$$

$$Q_0 = S - B \qquad (4\text{-}21)$$

$$K = \frac{C - B}{T} \qquad (4\text{-}22)$$

式中，Q_0 为土壤环境容量，$mg \cdot kg^{-1}$；S 为土壤的金属蓄积值（S_a）或卫生参考标准（S_b），$mg \cdot kg^{-1}$；B 为区域土壤的金属背景值，$mg \cdot kg^{-1}$；C 为土壤中金属现有含量，$mg \cdot kg^{-1}$；Q_p 为土壤中现有容量，$mg \cdot kg^{-1}$；K 为土壤中金属累积率，$mg \cdot kg^{-1} \cdot a^{-1}$；$T$ 为污染年限，a。

云南省环境科学研究所杨志忠（1989）对昆明市西南郊三个村农业水田土壤污染物环境容量和安全使用年限进行了估算。

5 土壤环境容量的应用与研究中存在的问题

5.1 土壤环境容量的应用

5.1.1 制定土壤环境质量标准

土壤环境质量标准的制定比较复杂,目前各国均无完善的土壤环境质量标准。通过土壤环境容量的研究,在以生态效应为中心,全面考察环境效应、化学形态效应、元素净化规律的基础上提出了各元素的土壤基准值,这为区域性土壤环境标准的制订提供了依据。

5.1.2 制定农田灌溉水质标准和污水灌溉标准

我国是一个农业大国,大部分农田在干旱、半干旱地区,农田灌溉成为发展农业的命脉。随着用水量与日俱增、水资源日益匮乏,污水灌溉面积不断扩大。根据目前我国财力情况和污水处理水平,在短时期内尚不能做到对排放污水进行较深度的处理,土壤又是一种十分宝贵的资源,污灌年限不宜过长。因此,制订农田灌溉水质标准、把水质控制在一定浓度范围是避免污水灌溉污染土壤的重要措施。用土壤环境容量制订农田灌溉水质标准,既能反映区域性差异,也能因区域性条件的改变而制订地方标准。

当有多种污染物同时输入时,要选择其中最重要和影响最大的限制性元素作为确定的依据,并应考虑它们之间的交互作用和综合效应,其计算式为:

$$C_w = (Q_d/t - q)/M_w \tag{5-1}$$

式中,C_w 为灌溉水中某一重金属元素的浓度;Q_d/t 为土壤中某一重金属元素的年变动容量;q 为污染重金属元素通过降水、施肥等途径的输入量;M_w 为灌溉量,表 5-1 为不同类型土壤污灌水中所容许重金属的浓度。

5.1.3 制定农田污泥施用标准

污泥中含有农作物生长必需的多种营养元素,是重要的有机肥资源。同时,污泥中还可能含有一些有害的重金属和有机三致(致癌、致畸、致突变)物质,这些有害物质施到农田中,会使农用土壤性状变坏和有毒物质污染和积聚。所以,

表 5-1　不同类型土壤污灌水（mg·L⁻¹）和污泥（mg·kg⁻¹）重金属的最大允许浓度*

土壤	As		Cd		Cu		Pb	
	污水	污泥	污水	污泥	污水	污泥	污水	污泥
灰钙土	0.038	8.06	0.006	1.13	0.23	34.1	0.89	155
黑土	0.044	17.4	0.003	0.67	0.3	119	0.68	197
黄棕壤	0.12	30	0.002	0.37	0.65	49.5	1.28	209
红壤	0.053	22.5	0.002	0.42	0.05	18.4	0.47	184
赤红壤	0.053	21.8	0.002	0.44	0.042	14.7	0.4	157
砖红壤	0.062	24.8	0.002	0.66	0.11	42.4	0.47	186
紫色土	0.053	3.62	0.001	0.5	0.094	47.5	0.29	146
褐土	0.088	20.1	0.002	0.82	—	—	0.33	78.3
棕壤	0.04	20	0.003	1.13	—	—	0.047	236

* 按 100a 计，污泥施用量为 30t·hm⁻²·a⁻¹，据夏增禄（1992）表中数据为校正值。
注：引自陈怀满等（2002）。

农田污泥的施用也有一个适宜范围和施用量的问题。污泥允许施入农田的量决定于土壤容许输入农田的污染物最大量，即土壤变动容量或年容许输入量，而土壤环境容量是计算该值的一个重要参数。污泥的标准可用式（5-2）计算：

$$C_s = (Q_d/t - q)/M_s \tag{5-2}$$

式中，C_s 为污泥中某重金属元素的浓度；Q_d/t 为土壤某一重金属元素的年变动容量；q 为污染重金属的进入量；M_s 为施入量，按施用 100a、每年施用量为 20t 的污泥中一些污染重金属的最大允许浓度也见表 5-1。

5.1.4　进行土壤环境质量评价

土壤环境质量评价分为污染现状评价和预测评价。在土壤环境容量研究中，获得了土壤重金属临界含量，在此基础上提出建议的土壤环境质量标准，为准确评价土壤环境质量提供评价标准。

许芳等（2009）运用 GIS 技术，依据福州地区土壤背景值资料，采用综合指数法对福州地区农业用地进行土壤重金属环境容量评价，划分出高容量区、中容量区、低容量区、警戒区和超载区 5 个等级，并依据所得评价结果，对福州地区农业用地的规划与布局提出了建议。

5.1.5　进行土壤污染预测

土壤污染预测是制订土壤污染防治规划的重要依据，是土壤环境影响评价的重要内容。在预测过程中，通过对污染物输入量、输出量、残留率、污染趋势的研究，合理估计开发活动对土壤环境质量产生影响的范围，建立土壤污染物积累模式和土壤容量模式，预测污染物浓度的变化规律，为项目的合理布局和环境污染的对策、环境保护措施的设计和实施提供依据。所以，土壤环境容量是进行预测的一个重要指标。

5.1.6　进行污染物总量控制

土壤环境容量充分体现了区域环境特征，是实现污染物总量控制的重要基础。以区域能容纳某污染物的总量作为污染治理量的依据，使污染治理目标明确。以区域容纳能力来控制一个地区单位时间污染物的容许输入量，在此基础上可以合理、经济地制定总量控制规划，可以充分利用土壤环境的纳污能力。

5.1.7　制定农业生产对策

根据土壤环境容量理论，在污染地上设法减少施肥引起的污染输入量，改污染地为种子田，合理规划土壤利用方式，筛选对各污染物忍耐力较强、吸收率低的作物，发展生态农业。另外，根据土壤环境容量理论，提高有机质含量，防止工矿污水侵入农田，防止土壤盐碱化，改良作物品种，发挥土壤潜力，充分利用土地资源，提高土壤环境含量。为土地处理充分利用环境自然净化能力及承受能力提供依据；为区域性环境区划与规划以及污染物的总量控制等提供科学依据。

5.2　土壤环境容量研究中存在的问题

5.2.1　缺乏对污染物进入土壤后的生物化学过程研究

目前土壤环境容量研究的基础仍然建立在黑箱理论上，仅考虑污染物的输入输出，而不涉及污染物进入土壤后所发生的生物化学过程，而这些过程却是影响土壤环境容量的重要因素。当前土壤环境容量的研究模式中，缺乏这些过程参数，因而不能反映模式的理论依据及其使用的土壤条件，在土壤这个多介质的复杂体系中，现有的模式过于简单，因而目前所获得的土壤环境容量仅是一个初步参考值，土壤性质、指示物的差异、污染历程、环境因素、化合物类型与形态是当前公认的重要因素。

5.2.2　缺乏对有机污染物土壤环境容量研究

到目前为止，有关有机污染物土壤环境容量的研究甚少，其原因：一是大多数有机污染物进入土壤后可以被土壤生物转化。研究其输入输出很难确定土壤环境容量，而研究其进入土壤后的过程对土壤环境容量意义重大。二是土壤有机污染物定量测定的繁琐性、复杂性和结果的不确定性，给土壤环境容量研究带来困难。如何研究有机污染物的土壤环境容量，是目前土壤环境学重要的研究课题之一。

土壤环境容量受多种因素的影响，随着这些因素的改变，土壤环境容量有一定幅度的变化，因而它不是一个确定的值，而是一个范围值。同时，由于污染物进入土壤后的物理、化学、生物过程受土壤性质、自然条件的影响，因此污染物表现出的毒性程度，迁移、转化、净化等特性都是不同的，土壤环境容量的研究还应该根据各地的具体情况进行，不宜大范围制定硬性的统一标准。再次，土壤环境容量的研究可以为区域土壤污染物预测和土壤环境质量评价、农田污水灌溉、污泥施用及污染物总量控制等提供科学依据，同时对加强环境科学管理、保护生态平衡、提高农田土壤生产力水平、保障人体健康具有重要意义。

第二部分　土壤重金属环境容量研究

6 土壤重金属环境容量模型参数研究

6.1 植物吸收系数

铜、锌、铅、镉是土壤中最常见的重金属污染元素，并且在土壤中有较强的化学活性，有很强的生物毒性，与其他重金属相比，更容易被农作物吸收，通过食物链进入人体，损害人体健康（孙权等，2007；林大松等，2006）。因此，研究蔬菜对铜、锌、铅、镉重金属元素的吸收能力及影响因素已成为国内外研究的热门课题。如倪武忠（Ni W Z et al., 2002）通过盆栽实验研究了大白菜、冬青、芹菜对土壤中镉吸收能力的影响，结果表明土壤镉含量与作物中镉含量显著相关。此外，汪雅谷、何述尧等也对农作物对重金属的吸收能力进行了研究（夏家淇，1996）。由于植物对重金属有一定吸收能力，能把土壤中的重金属转移走一部分，因此，研究植物对土壤中重金属的吸收，不仅可以为食品安全卫生标准提供依据，也可以为土壤中重金属的环境容量制定提供依据。

研究中，植物吸收系数是计算土壤重金属动态环境容量关键迁出系数之一。植物吸收系数的研究常采用盆栽实验、大田试验的方法。蔬菜对环境条件较敏感，且食用量较大（欧阳喜辉等，2007）。据研究，小白菜等叶菜类蔬菜对重金属的吸收为中等吸收能力，平均吸收系数为 0.02。绝大多数研究认为，植物吸收重金属后其含量分布大小顺序为：根>茎>叶>籽实。因此，选用叶菜类蔬菜研究土壤重金属临界值，可以认为是最小临界值，据此计算出的土壤环境容量为最低环境容量，这有利于最大限度地保护土壤环境。

以山东省主要土壤类型褐土、潮土、棕壤为研究对象，以小白菜为供试植物，通过盆栽实验，研究土壤重金属临界值和植物吸收系数，为山东省土壤环境容量建模提供科学依据。

6.1.1 材料与方法

(1) 供试土壤和植物

褐土、潮土和棕壤土样分别采自山东省济南市灵岩寺附近农田、山东省商河县郊区农田和山东省泰安市山东农业大学农场，主要采集表层土壤（0~20cm），土壤的基本理化性质见表 6-1，供试植物为小白菜。

表 6-1　供试土壤基本理化性状

土壤		褐土	潮土	棕壤
pH 值（H$_2$O）		7.32	8.10	6.27
有机质/%		1.72	1.10	2.75
阳离子交换量/（cmol·kg^{-1}）		15.30	9.97	11.61
黏粒含量＜0.01mm/%		49.18	22	23.3
全 N/%		0.269	0.064	0.057
全 P/%		0.123	0.053	0.063
有效态含量/（mg·kg^{-1}）	Cu	1.54	2.80	2.84
	Zn	1.44	1.50	2.78
	Pb	0.576	0.910	0.992
	Cd	0.033	0.039	0.042
全量/（mg·kg^{-1}）	Cu	49.0	37.5	35.8
	Zn	56.2	60.3	71.4
	Pb	25.9	28.4	31.3
	Cd	0.12	0.13	0.20

(2) 实验方法

①培养实验

分别称取若干份过 2mm 筛的风干褐土、潮土、棕壤 1.5kg，用人工方法模拟 Cu、Zn、Pb、Cd 污染土壤。土壤设定 5 个浓度水平，为 0（CK）、50 mg·kg^{-1}、100 mg·kg^{-1}、200 mg·kg^{-1}、400 mg·kg^{-1} 土的 Cu^{2+}；0（CK）、50 mg·kg^{-1}、100 mg·kg^{-1}、200 mg·kg^{-1}、400 mg·kg^{-1} 土的 Zn^{2+}；0（CK）、50 mg·kg^{-1}、100 mg·kg^{-1}、500 mg·kg^{-1}、1000 mg·kg^{-1} 土的 Pb^{2+}；0（CK）、5 mg·kg^{-1}、10 mg·kg^{-1}、15 mg·kg^{-1}、20 mg·kg^{-1} 土的 Cd^{2+}，分别以 CuSO$_4$·5H$_2$O、ZnSO$_4$·5H$_2$O、(CH$_3$COO)$_2$Pb、CdCl$_2$ 配成溶液后与土壤均匀混合得到，每个处理重复 3 次，共（3×4×4×3）+3×3=153 钵。在温室干湿交替培养 2 个月，以使重金属在土壤中各形态达到分配平衡。

②盆栽实验

以小白菜为指示植物，种子在培养皿中培养至刚露白后种于盆中，每盆 2 株。在种植小白菜前，每个处理加入 0.32 mg·kg^{-1} 尿素、0.22 mg·kg^{-1} KH$_2$PO$_4$ 作为肥料，充分混匀后装于聚乙烯塑料盆中，常规条件下管理，用去离子水灌溉，土壤湿度保持在田间持水量的 65%~75%，培育生长 35d 后收获。分别测定小白菜茎叶和根系的生物量，茎叶的 Cu、Zn、Pb、Cd 含量以及土壤中有效态 Cu、Zn、Pb、Cd 含量。

(3) 分析方法

①植物样品中重金属全量测定

称取干燥、磨细的植物样品0.5000g 放入80mL小烧杯中，加浓$HNO_3$10mL，在通风柜放置过夜，于沙浴电炉中用低温（约200℃左右）加热30min使大部分有机质碳溶解，冷却后加60%高氯酸2mL微微加热，使白色烟雾慢慢消失，这时消化液呈透明状，用热蒸馏水冲洗，定容于25mL容量瓶中，过滤于50mL塑料瓶中，用原子吸收分光光度法测定。

②土壤有效态重金属含量测定

称取过10目筛的风干土壤样品10g，放入60mL塑料瓶中，加20mL DTPA浸提剂（0.005mol·L^{-1} DTPA-0.01 mol·L^{-1} $CaCl_2$-0.1 mol·L^{-1} TEA，pH值为7.3），在25℃时用振荡机振荡2h，过滤得清液待测。用原子吸收分光光度法测定重金属含量。

(4) 数据处理方法

所涉及的数据方差分析、显著性检验等数据处理皆采用 SPSS14.0 统计软件进行，Excel 软件进行图表制作。

(5) 吸收系数计算方法

吸收系数=植物中重金属含量（mg·kg^{-1}）/土壤中重金属全量（mg·kg^{-1}），小白菜对土壤中重金属吸收能力的大小可通过吸收系数反映出来。

6.1.2　主要土壤类型中 Cu 的植物吸收系数

(1) 土壤中 Cu 对小白菜生物量的影响

褐土、潮土和棕壤加 Cu 对小白菜茎叶和根系的影响见表 6-2。棕壤 Cu 加入量大于 50mg·kg^{-1} 时小白菜茎叶鲜重显著下降（$P<0.05$）；褐土上小白菜茎叶鲜重下降但并不显著（$P>0.05$）；而潮土在 Cu 加入量小于 50 mg·kg^{-1} 时促进了小白菜的生长，小白菜茎叶鲜重显著上升（$P<0.05$），潮土随 Cu 加入量逐渐增加到浓度大于 100 mg·kg^{-1} 时，开始抑制小白菜的生长。三种土壤 Cu 浓度为 200 mg·kg^{-1} 时，植株均逐渐变得矮小，叶片逐渐变黄。特别是在棕壤中，当 Cu 加入量为 400mg·kg^{-1} 时，小白菜几乎停止生长，植株呈萎蔫状态，叶片边缘变黄，表现出明显的毒害效应。

褐土和棕壤随着 Cu 污染浓度的增加，小白菜地上部以及根系的鲜重和干重降低（表 6-2）。与对照相比，褐土上小白菜茎叶干重降低了 2.15%~64.52%，根干重降低了 18.33%~83.33%；棕壤上地上部干重降低了 21.21%~98.76%，根干重降低了 27.18%~99.03%；潮土上小白菜地上部干重和根干重在浓度为 50mg·kg^{-1} 时，与对照相比，分别增加了 18.03% 和 5.26%，随着土壤中 Cu 浓度增大，茎叶干重和根干重又逐渐降低，在浓度 100~400 mg·kg^{-1} 范围内，分别降低了 8.53%~80.33% 和 13.16%~86.84%。Cu 污染对小白菜地下部生物量的影响大于地上部分。

表 6-2　不同土壤施 Cu 对小白菜生物量的影响

Cu 处理/(mg·kg^{-1})	地上部鲜重/g	增减/%	地上部干重/g	增减/%	根鲜重/g	增减/%	根干重/g	增减/%
褐土								
CK	8.15 ± 0.67a	0.00	0.93 ± 0.64a	0.00	0.208 ± 0.01a	0.00	0.060 ± 0.58a	0.00
50	7.62 ± 1.66a	−6.50	0.91 ± 0.94a	−2.15	0.182 ± 1.02a	−12.50	0.049 ± 0.91a	−18.33
100	7.09 ± 1.57b	−13.01	0.75 ± 0.38b	−19.36	0.148 ± 1.14b	−28.85	0.038 ± 1.02b	−36.67
200	2.82 ± 0.72c	−65.40	0.52 ± 0.08bc	−44.09	0.060 ± 0.75c	−71.15	0.025 ± 0.47b	−58.33
400	1.15 ± 0.96c	−85.89	0.33 ± 0.06c	−64.52	0.048 ± 0.36c	−76.92	0.010 ± 0.39c	−83.33
潮土								
CK	7.15 ± 0.98b	0.00	0.61 ± 0.47b	0.00	0.219 ± 0.79a	0.00	0.038 ± 0.08a	0.00
50	8.01 ± 1.06a	12.03	0.72 ± 0.09a	18.03	0.236 ± 1.21a	7.76	0.040 ± 1.41a	5.26
100	6.54 ± 2.98b	−8.53	0.56 ± 1.41b	−8.20	0.193 ± 1.86b	−11.87	0.033 ± 1.34b	−13.16
200	1.44 ± 1.33c	−79.86	0.14 ± 0.51c	−77.05	0.045 ± 2.03c	−79.45	0.010 ± 0.61c	−73.68
400	1.06 ± 0.85c	−85.17	0.12 ± 0.67c	−80.33	0.028 ± 0.86c	−87.21	0.005 ± 0.29c	−86.84
棕壤								
CK	10.44 ± 1.01a	0.00	0.99 ± 0.61a	0.00	1.208 ± 0.58a	0.00	0.195 ± 2.01a	0.00
50	8.97 ± 2.53b	−14.08	0.78 ± 0.89b	−21.21	0.879 ± 1.67b	−27.24	0.142 ± 1.73b	−27.18
100	6.58 ± 1.23c	−36.97	0.56 ± 1.13c	−43.43	0.685 ± 0.84b	−43.30	0.106 ± 1.02b	−45.64
200	0.308 ± 0.62d	−97.05	0.031 ± 0.76d	−96.87	0.087 ± 0.57c	−92.83	0.014 ± 0.76c	−92.97
400	0.107 ± 0.56d	−98.97	0.012 ± 0.52d	−98.76	0.008 ± 0.49c	−99.31	0.002 ± 0.43c	−99.03

注：同一列不同小写字母代表在 $P<0.05$ 水平差异显著。

(2) 土壤中 Cu 的临界值

三种土壤中，随着 Cu 全量的增加，DTPA 提取态 Cu 含量（有效态 Cu）、小白菜茎叶中 Cu 含量均增加（表 6-3）。三种土壤上小白菜茎叶含 Cu 量有所不同，各浓度处理条件下，小白菜茎叶含 Cu 量：棕壤 > 褐土 > 潮土。表明不同浓度处理下，棕壤上小白菜对重金属的吸收能力均最强，褐土其次，潮土最弱，可能是棕壤 pH 低于褐土，而褐土 pH 低于潮土的缘故。

表 6-3　不同土壤中 Cu 全量、DTPA 提取态 Cu 含量和小白菜体内 Cu 含量

土壤类型	处理浓度 / (mg·kg⁻¹)	土壤中 Cu 全量 / (mg·kg⁻¹)	土壤 DTPA 提取态 Cu 含量 / (mg·kg⁻¹)	小白菜茎叶中 Cu 含量 / (mg·kg⁻¹ 鲜重)
	CK	49.0	1.54±2.13	0.73±0.08
	50	99.0	26.03±1.89	2.45±0.73
褐土	100	149.0	48.64±2.06	4.39±1.27
	200	249.0	99.28±0.97	10.66±0.91
	400	449.0	191.52±3.56	27.36±1.53
	CK	37.5	2.80±1.56	0.64±0.24
	50	87.5	28.20±2.08	1.63±0.60
潮土	100	137.5	52.78±0.83	2.76±1.02
	200	237.5	89.80±1.69	7.41±2.56
	400	437.5	200.08±2.27	10.57±0.70
	CK	35.8	2.84±2.93	0.79±1.21
	50	85.8	31.53±3.56	2.63±0.89
棕壤	100	135.8	53.18±0.84	5.03±1.04
	200	235.8	102.40±3.71	19.90±1.51
	400	435.8	249.96±2.57	40.86±2.12

小白菜体内 Cu 含量与土壤中 Cu 全量呈线性负相关（图 6-1）。在褐土、潮土和棕壤上的相关系数分别为 0.9111、0.787 和 0.8095，其中褐土和棕壤达到极显著水平（$P<0.01$），潮土达到显著水平（$P<0.05$）。

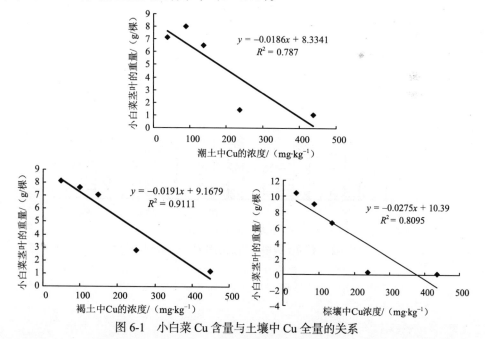

图 6-1　小白菜 Cu 含量与土壤中 Cu 全量的关系

从安全角度出发，确定土壤中重金属的毒性临界值，应以农产品可食用部分中重金属元素含量不超过食品卫生标准为依据，但我国目前的食品卫生标准中尚没有重金属 Cu 的标准，所以暂以减产量作为临界值，即以小白菜生物量减产 15% 为依据（夏增禄等，1992），通过方程拟合得出 Cu 临界值：褐土中为 117.3 mg·kg^{-1}，潮土为 121.3 mg·kg^{-1}，棕壤为 55.13 mg·kg^{-1}。

(3) 土壤中 Cu 对小白菜吸收能力的影响

在褐土、潮土和棕壤上，小白菜对 Cu 的吸收系数均小于 1（图 6-2），说明小白菜在各个处理中对重金属 Cu 均有吸收作用，无富集作用。褐土和棕壤上小白菜对 Cu 的吸收系数随着土壤中 Cu 加入量的增加而增加，分别为 0.015~0.061 和 0.022~0.094；潮土上小白菜对 Cu 的吸收系数随着土壤中 Cu 加入量的增加先增加，由 0.017 到 0.031，当 Cu 加入量达到 400 mg·kg^{-1} 时又减少为 0.024。在三种不同土壤的相应处理中，吸收系数均不相同，不同土壤对 Cu 的吸收迁移能力大小差异达到 1~4 倍，在各个浓度水平小白菜的吸收系数均为：棕壤＞褐土＞潮土。表明重金属 Cu 在棕壤中更容易通过植物吸收迁出，主要原因可能就是棕壤 pH 值为 6.27，偏酸性，在偏酸的土壤中 Cu 容易发生迁移，使土壤中 Cu 以 Cu^{2+} 的形态被植物吸收。

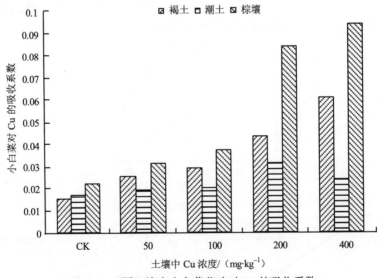

图 6-2　不同土壤中小白菜茎叶对 Cu 的吸收系数

6.1.3 主要土壤类型中 Zn 的植物吸收系数

(1) 土壤中 Zn 对小白菜生物量的影响

褐土、潮土和棕壤上小白菜茎叶和根系的干重、鲜重均随着土壤中 Zn 含量的增加而减小（表 6-4）。当 Zn 加入量为 50 mg·kg⁻¹ 时，三种土壤上的小白菜茎叶鲜重下降，但不显著（$P>0.05$）；当 Zn 加入量为 200 mg·kg⁻¹ 时，三种土壤上植株逐渐变得矮小，叶片逐渐变黄。特别是在棕壤中，当施入量为 400mg·kg⁻¹ 时，小白菜几乎停止生长，植株呈萎蔫状态，叶片边缘变黄，表现出明显的毒害效应。说明 Zn 虽然是植物必需营养元素，但在土壤中存在着临界值，土壤中 Zn 含量超过此临界值，会对植物造成毒害，进而减产、枯萎、甚至死亡。

三种土壤中随着 Zn 加入量的增加，小白菜地上部以及根系的鲜重和干重降低幅度也不相同。与对照相比，褐土上小白菜茎叶干重降低了 7.53%~60.60%，根干重降低了 15.00%~79.60%；潮土上小白菜地上部干重降低了 2.98%~43.64%，根干重降低了 18.42%~92.11%；棕壤上地上部干重降低了 17.44%~98.26%，根干重降低了 29.23%~98.46%。加 Zn 对小白菜地上部分的影响：棕壤 > 褐土 > 潮土；对地下部分的影响：棕壤 > 潮土 > 褐土，且对地下部分的影响大于地上部分。

表 6-4 不同土壤施 Zn 对小白菜生物量的影响

Zn 处理 / (mg·kg⁻¹)	地上部鲜重 /g	增减 /%	地上部干重 /g	增减 /%	根鲜重 /g	增减 /%	根干重 /g	增减 /%
褐土								
CK	8.15 ± 0.67a	0.00	0.93 ± 0.64 a	0.00	0.208 ± 0.01a	0.00	0.060 ± 0.58a	0.00
50	7.73 ± 1.81a	−5.15	0.86 ± 0.14 a	−7.53	0.176 ± 3.02b	−15.38	0.051 ± 0.84b	−15.00
100	6.87 ± 1.28b	−15.71	0.75 ± 0.13 b	−19.35	0.158 ± 1.04bc	−24.04	0.040 ± 1.25c	−33.33
200	4.85 ± 1.24b	−40.47	0.44 ± 0.04 b	−53.10	0.066 ± 0.86c	−68.27	0.014 ± 0.56c	−76.25
400	4.06 ± 1.15b	−50.22	0.37 ± 0.12b	−60.60	0.062 ± 0.51c	−70.19	0.012 ± 1.20c	−79.60
潮土								
CK	7.15 ± 0.98a	0.00	0.61 ± 0.47a	0.00	0.219 ± 0.79a	0.00	0.038 ± 0.08a	0.00
50	6.83 ± 2.01a	−4.48	0.59 ± 0.07a	−2.98	0.191 ± 1.34ab	−12.79	0.031 ± 1.03b	−18.42
100	5.90 ± 0.86b	−17.51	0.55 ± 1.01ab	−8.93	0.163 ± 1.54b	−25.57	0.027 ± 1.54b	−28.95
200	5.57 ± 1.31b	−22.08	0.50 ± 1.53b	−17.02	0.121 ± 3.01c	−44.75	0.017 ± 0.52c	−55.26
400	4.26 ± 0.81c	−40.48	0.34 ± 0.64c	−43.64	0.025 ± 1.21c	−88.58	0.003 ± 0.36c	−92.11
棕壤								
CK	10.44 ± 1.01a	0.00	0.99 ± 0.61a	0.00	1.208 ± 0.58a	0.00	0.195 ± 2.01a	0.00
50	9.95 ± 2.21a	−4.69	0.82 ± 0.70b	−17.44	0.920 ± 1.80b	−23.84	0.138 ± 1.41b	−29.23
100	8.87 ± 0.76b	−15.04	0.73 ± 0.83b	−26.26	0.798 ± 0.59b	−33.94	0.121 ± 0.86b	−37.95
200	2.58 ± 0.59c	−75.25	0.29 ± 1.06c	−70.48	0.131 ± 0.64c	−89.16	0.015 ± 0.79c	−92.31
400	0.34 ± 0.74c	−96.74	0.02 ± 1.98c	−98.26	0.008 ± 0.82c	−99.34	0.003 ± 0.57c	−98.46

注：同一列不同小写字母代表在 $P<0.05$ 水平差异显著。

(2) 三种土壤中 Zn 的临界值

三种土壤中，随着 Zn 全量的增加，DTPA 提取态 Zn 含量（有效态 Zn）、小白菜茎叶中 Zn 含量均增加（表 6-5）。潮土和褐土各相应处理土壤中 DTPA 提取态 Zn 含量、小白菜茎叶中 Zn 含量差异不大，但棕壤各相应处理中 DTPA 提取态 Zn 含量和小白菜茎叶中 Zn 含量远大于上述两种土壤，可能是棕壤 pH 低于潮土和褐土，Zn 的背景含量高于潮土和褐土的缘故。

表 6-5　不同土壤中 Zn 全量、DTPA 提取态 Zn 含量和小白菜体内 Zn 含量

土壤类型	Zn 处理 / (mg·kg⁻¹)	土壤中 Zn 全量 / (mg·kg⁻¹)	土壤 DTPA 提取态 Zn 含量 / (mg·kg⁻¹)	小白菜茎叶中 Zn 含量 / (mg·kg⁻¹ 鲜重)
褐土	CK	56.2	1.44±1.20	4.31±0.64
	50	106.2	17.02±2.60	5.99±1.30
	100	156.2	36.57±2.37	6.16±1.19
	200	256.2	50.40±1.08	6.72±2.54
	400	456.2	88.11±1.34	11.19±1.67
潮土	CK	60.3	1.51±1.31	3.47±0.65
	50	110.3	15.84±1.20	4.16±0.96
	100	160.3	35.03±0.74	5.22±1.37
	200	260.3	47.85±0.31	6.57±0.98
	400	460.3	83.77±1.72	9.27±0.92
棕壤	CK	71.4	2.78±3.15	5.75±1.28
	50	121.4	35.02±1.94	28.51±2.07
	100	171.4	42.36±1.58	32.96±1.78
	200	271.4	105.40±5.12	50.20±2.56
	400	471.4	222.92±2.41	72.20±1.43

小白菜体内 Zn 含量与土壤中 Zn 全量呈线性负相关（图 6-3）。在褐土、潮土和棕壤上的相关系数分别为 0.9062、0.9581 和 0.9019，均达到极显著水平（$P<0.01$）。

从安全角度出发，确定土壤中重金属的毒性临界值，应以农产品可食用部分中重金属元素含量不超过食品卫生标准为依据，但我国目前的食品卫生标准中尚没有重金属 Zn 的标准，所以暂以减产量作为临界值，即以小白菜生物量减产 15% 为依据（夏增禄等，1992），通过方程拟合得出 Zn 临界值：褐土中为 151.3 mg·kg⁻¹，潮土中为 190.3 mg·kg⁻¹，棕壤中为 134.0 mg·kg⁻¹。

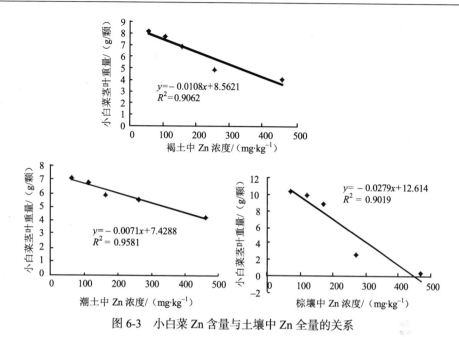

图 6-3　小白菜 Zn 含量与土壤中 Zn 全量的关系

(3) 土壤中 Zn 对小白菜吸收能力的影响

在褐土、潮土和棕壤上小白菜对 Zn 的吸收系数均小于 1（图 6-4），说明小白菜对 Zn 有吸收作用，无积累作用。褐土和潮土中小白菜对 Zn 的吸收系数随着土壤中 Zn 加入量的增加而减少，分别为 0.077~0.025 和 0.058~0.020；棕壤中小白菜对 Zn 的吸收系数在土壤中 Zn 加入量为 50 mg·kg^{-1} 时最大，达到 0.235，然后又随

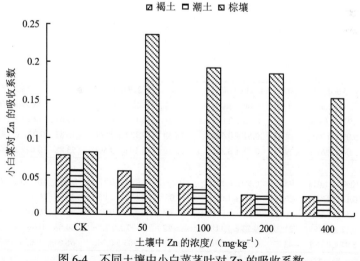

图 6-4　不同土壤中小白菜茎叶对 Zn 的吸收系数

着土壤中 Zn 加入量的增加而减少，当 Zn 加入量达到 400 mg·kg^{-1} 时减少为 0.153。在三种土壤的相应处理中，吸收系数均不相同，不同土壤对 Zn 的吸收迁移能力大小差异达到 1~7 倍，在各个浓度水平小白菜的吸收系数均为：棕壤 > 褐土 > 潮土。表明重金属 Zn 在棕壤中更容易通过植物吸收迁出。主要原因可能就是棕壤 pH 值为 6.27，偏酸性，在偏酸的土壤中 Zn 容易发生迁移，使土壤中 Zn 的活性增高，以 Zn^{2+} 的形态被植物吸收。

6.1.4　主要土壤类型中 Pb 的植物吸收系数

(1) 土壤中 Pb 对小白菜生物量的影响

不同土壤加 Pb 对小白菜茎叶和根系的影响见表 6-6。潮土加 Pb 量小于 50 mg·kg^{-1} 时促进小白菜生长，茎叶鲜重和干重相较 CK 分别增加 9.65% 和 8.19%，而褐土和棕壤加 Pb 量小于 50mg·kg^{-1} 时，小白菜茎叶鲜重和干重减少不显著（$P>0.05$）；随 Pb 加入量的逐渐增加，各土壤上茎叶鲜重和干重呈下降趋势，其中褐土和潮土上小白菜干重到浓度为 100mg·kg^{-1} 时就开始显著下降，而棕壤上小白菜干重到浓度为 500mg·kg^{-1} 时才显著下降（$P<0.05$）。到浓度为 1000mg·kg^{-1} 时，褐土、潮土和棕壤茎叶干重较对照减产分别达到 66.67%、32.79% 和 46.76%，并且植株逐渐变得矮小，叶片逐渐变黄，表现出较为明显的毒害效应。

表 6-6　不同土壤施 Pb 对小白菜生物量的影响

Pb 处理 /(mg·kg^{-1})	地上部鲜重 /g	增减 /%	地上部干重 /g	增减 /%	根鲜重/g	增减 /%	根干重/g	增减 /%
				褐土				
CK	8.15 ± 0.67a	0.00	0.93 ± 0.64 a	0.00	0.208 ± 0.01a	0.00	0.060 ± 0.58a	0.00
50	7.11 ± 0.95a	−12.76	0.69 ± 1.04 ab	−25.81	0.181 ± 2.03b	−12.98	0.032 ± 1.61b	−46.64
100	6.68 ± 1.18a	−18.04	0.63 ± 0.23b	−32.26	0.154 ± 0.94b	−25.96	0.029 ± 1.34b	−51.67
500	4.51 ± 0.86b	−44.66	0.42 ± 0.62b	−54.84	0.113 ± 1.06c	−45.67	0.017 ± 0.53c	−71.67
1000	3.45 ± 0.58b	−57.67	0.31 ± 0.15c	−66.67	0.083 ± 0.37c	−60.10	0.015 ± 0.42c	−75.00
				潮土				
CK	7.15 ± 0.98b	0.00	0.61 ± 0.47ab	0.00	0.219 ± 0.79ab	0.00	0.038 ± 0.08a	0.00
50	7.84 ± 2.53a	9.65	0.66 ± 1.09a	8.19	0.221 ± 1.41ab	0.91	0.039 ± 1.71a	2.63
100	6.59 ± 1.04bc	−7.83	0.56 ± 2.02b	−8.20	0.187 ± 1.69b	−14.61	0.027 ± 1.38b	−28.94
500	6.08 ± 0.95c	−14.97	0.51 ± 0.52b	−16.39	0.134 ± 2.06c	−38.81	0.021 ± 0.95bc	−44.74
1000	5.04 ± 0.67d	−29.51	0.41 ± 0.36c	−32.79	0.101 ± 0.56c	−53.88	0.017 ± 0.71c	−55.26
				棕壤				
CK	10.44 ± 1.01a	0.00	0.99 ± 0.61a	0.00	1.208 ± 0.58a	0.00	0.195 ± 2.01a	0.00
50	10.11 ± 2.43ab	−3.16	0.94 ± 1.08a	−5.05	0.821 ± 2.05b	−32.04	0.120 ± 0.90b	−38.46
100	9.58 ± 1.21b	−8.22	0.85 ± 2.16ab	−14.04	0.716 ± 0.96b	−40.73	0.107 ± 1.85b	−45.13
500	8.22 ± 0.75c	−21.22	0.73 ± 1.11b	−26.12	0.597 ± 0.72bc	−50.58	0.091 ± 0.53bc	−53.33
1000	5.87 ± 0.48d	−43.77	0.53 ± 0.37c	−46.76	0.403 ± 0.24c	−66.64	0.059 ± 0.78c	−69.74

注：同一列不同小写字母代表在 $P<0.05$ 水平差异显著。

不同土壤加 Pb 对小白菜根系的影响与茎叶变化规律大体一致（表 6-6）。潮土加 Pb 量小于 50 mg·kg^{-1} 时促进小白菜生长，根系鲜重和干重相较 CK 分别增加 0.91％和 2.63％，褐土和棕壤在浓度小于 50 mg·kg^{-1} 时就已经开始抑制根系的生长。褐土、潮土和棕壤加 Pb 量分别达到 50 mg·kg^{-1}、100 mg·kg^{-1} 和 500 mg·kg^{-1} 时，小白菜根系干重降低达到显著水平（$P<0.05$）。小白菜茎叶和根系干重的减产百分率均大于相应处理鲜重的减产百分率，三种土壤加 Pb 对小白菜地下部生物量的影响远大于对地上部分的影响。

(2) 土壤中 Pb 的临界值

三种土壤中，随着 Pb 全量的增加，DTPA 提取态 Pb 含量（有效态 Pb）、小白菜茎叶中 Pb 含量均增加（表 6-7）。潮土和褐土各相应处理土壤中 DTPA 提取态 Pb 含量、小白菜茎叶中 Pb 含量差异不大，但棕壤各相应处理中 DTPA 提取态 Pb 含量和小白菜茎叶中 Pb 含量远大于上述两种土壤。可能是棕壤 pH 低于潮土和褐土，Pb 的背景含量高于潮土和褐土的缘故。

表 6-7　不同土壤中 Pb 全量、DTPA 提取态 Pb 含量和小白菜体内 Pb 含量

土壤类型	处理浓度 / (mg·kg^{-1})	土壤中 Pb 全量 / (mg·kg^{-1})	土壤 DTPA 提取态 Pb 含量 / (mg·kg^{-1})	小白菜茎叶中 Pb 含量 / (mg·kg^{-1} 鲜重)
褐土	CK	25.9	0.58±0.93	0.11±0.86
	50	75.9	4.58±1.20	0.46±2.13
	100	125.9	8.56±2.12	1.02±0.85
	500	525.9	84.8±1.50	6.54±2.95
	1000	1025.9	206.0±1.00	77.40±1.62
潮土	CK	28.4	0.91±1.28	0.17±0.76
	50	78.4	5.92±0.85	0.81±1.61
	100	128.4	8.68±0.37	1.42±2.17
	500	528.4	100.80±0.51	4.36±1.13
	1000	1028.4	224.00±1.26	123.74±2.32
棕壤	CK	31.3	0.99±2.73	0.21±0.64
	50	83.1	4.98±1.08	1.16±1.95
	100	131.3	10.68±1.16	5.36±1.09
	500	531.3	127.6±4.37	40.64±2.18
	1000	1031.3	249.0±2.15	141.65±3.23

小白菜体内 Pb 含量与土壤中 Pb 全量呈线性负相关（图 6-5）。在褐土、潮土和棕壤上的相关系数分别为 0.8419、0.8052 和 0.9576，均达到极显著水平（$P<0.01$）。

以农产品可食用部分中重金属元素含量不超过我国目前的《食品中污染物限量标准》（GB 2762—2012）为依据，按照叶菜类中 Pb 的限量标准为 0.3 mg·kg^{-1}，通过方程拟合得出 Pb 临界值：褐土中为 126.4 mg·kg^{-1}，潮土中为 135.3 mg·kg^{-1}，棕壤中为 93.11 mg·kg^{-1}。

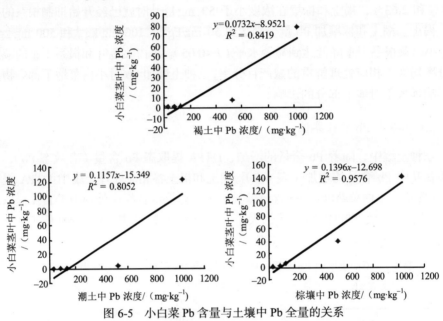

图 6-5　小白菜 Pb 含量与土壤中 Pb 全量的关系

(3) 土壤中 Pb 对小白菜吸收能力的影响

在褐土、潮土和棕壤中，小白菜对 Pb 的吸收系数均小于 1（图 6-6）。说明小白菜对 Pb 均有吸收作用，无富集作用。褐土、潮土和棕壤中小白菜对 Pb 的吸收

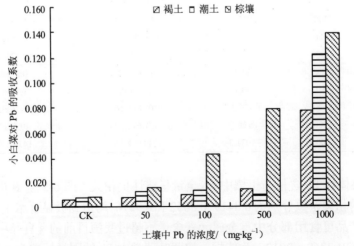

图 6-6　不同土壤中小白菜茎叶对 Pb 的吸收系数

系数随着土壤中 Pb 加入量增加而增加，分别由 0.004~0.075、0.006~0.120 和 0.007~0.137。潮土中小白菜对 Pb 的吸收系数在 Pb 加入量为 500mg·kg⁻¹ 时略有变小，为 0.008。在三种不同土壤的相应处理中，吸收系数均不相同，不同土壤对 Pb 的吸收迁移能力大小差异为 1~6 倍，各个浓度水平小白菜的吸收系数均为：棕壤＞褐土＞潮土，表明受外源重金属 Pb 污染的棕壤中，Pb 更容易通过植物吸收迁出。

6.1.5 主要土壤类型中 Cd 的植物吸收系数

（1）土壤中 Cd 对小白菜生物量的影响

褐土、潮土和棕壤上小白菜茎叶和根系的干重、鲜重均随着土壤中 Cd 含量的增加而减小（表 6-8）。三种土壤加 Cd 量小于 5 mg·kg⁻¹ 时，茎叶鲜重减少但并不显著（$P>0.05$）。随 Cd 加入量的逐渐增加，茎叶鲜重呈显著下降趋势，且茎叶干物质积累也呈显著下降。当浓度为 20mg·kg⁻¹ 时，褐土、潮土和棕壤茎叶鲜重较对照减产分别达到 57.67％、53.15％和 53.01％，并且植株逐渐变得矮小，叶片逐渐变黄，表现出明显的毒害效应。

表 6-8　不同土壤施 Cd 对小白菜生物量的影响

Cd 处理 /(mg·kg⁻¹)	地上部鲜重 /g	增减 /%	地上部干重 /g	增减 /%	根鲜重/g	增减 /%	根干重/g	增减 /%
				褐土				
CK	8.15 ± 0.67a	0.00	0.93 ± 0.64 a	0.00	0.208 ± 0.01a	0.00	0.060 ± 0.58a	0.00
5	7.68 ± 1.58a	−3.56	0.78 ± 2.07 a	−16.13	0.169 ± 1.17b	−18.75	0.046 ± 1.48b	−23.33
10	6.25 ± 1.31b	−23.31	0.61 ± 1.24ab	−34.41	0.135 ± 1.35b	−35.10	0.031 ± 0.23c	−48.33
15	4.18 ± 0.89c	−48.71	0.41 ± 1.04b	−55.91	0.093 ± 1.11bc	−55.29	0.025 ± 0.52c	−58.33
20	3.45 ± 0.76d	−57.67	0.34 ± 0.31b	−63.44	0.059 ± 0.86c	−71.63	0.017 ± 0.21d	−71.67
				潮土				
CK	7.15 ± 0.98a	0.00	0.61 ± 0.47a	0.00	0.219 ± 0.79a	0.00	0.038 ± 0.08a	0.00
5	6.98 ± 2.16a	−2.38	0.58 ± 1.02a	−4.92	0.181 ± 1.52b	−17.35	0.031 ± 3.11b	−18.42
10	5.06 ± 1.98b	−29.23	0.43 ± 2.34ab	−29.51	0.153 ± 0.63b	−30.14	0.025 ± 1.08c	−34.21
15	4.03 ± 2.05c	−43.64	0.35 ± 0.57b	−42.62	0.117 ± 2.16bc	−46.58	0.019 ± 0.71d	−50.00
20	3.35 ± 0.73c	−53.15	0.31 ± 1.31b	−49.18	0.096 ± 0.66c	−56.16	0.014 ± 0.34d	−63.16
				棕壤				
CK	10.44 ± 1.01a	0.00	0.99 ± 0.61a	0.00	1.208 ± 0.58a	0.00	0.195 ± 2.01a	0.00
5	9.58 ± 2.13a	−8.24	0.89 ± 1.02a	−9.99	1.096 ± 2.41a	−9.82	0.168 ± 0.76b	−13.64
10	9.27 ± 2.01ab	−11.21	0.83 ± 1.14a	−16.02	0.932 ± 0.92b	−22.89	0.130 ± 1.88c	−33.58
15	7.83 ± 1.45b	−25.00	0.71 ± 0.17ab	−27.97	0.259 ± 1.54c	−78.53	0.098 ± 0.63c	−49.51
20	4.91 ± 0.51b	−53.01	0.44 ± 1.30b	−55.65	0.208 ± 0.48c	−82.74	0.075 ± 0.29d	−61.62

注：同一列不同小写字母代表在 $P<0.05$ 水平差异显著。

褐土、潮土和棕壤添加 Cd 量小于 5 mg·kg^{-1} 时，褐土和潮土上植物根系鲜重呈显著减少（$P<0.05$），棕壤上则不显著（$P>0.05$）。三种土壤加 Cd 量高于 10 mg·kg^{-1} 时，根系鲜重呈显著降低。褐土加 Cd 量低于 5 mg·kg^{-1}，潮土和棕壤低于 10 mg·kg^{-1} 时，根系干物质积累下降不显著，但随着三种土壤加 Cd 量的增加，根系干物质积累呈显著下降。三种土壤加 Cd 对小白菜地下部生物量的影响大于对地上部分的影响。

(2) 土壤中 Cd 的临界值

三种土壤中，随着 Cd 全量的增加 DTPA 提取态 Cd 含量（有效态 Cd）、小白菜茎叶中 Cd 含量均增加（表 6-9）。潮土和褐土各相应处理土壤中 DTPA 提取态 Cd 含量、小白菜茎叶中 Cd 含量差异不大，但棕壤各相应处理中 DTPA 提取态 Cd 含量和小白菜茎叶中 Cd 含量远大于上述两种土壤。可能是棕壤 pH 低于潮土和褐土，Cd 的背景含量高于潮土和褐土的缘故。

表 6-9　不同土壤中 Cd 全量、DTPA 提取态 Cd 含量和小白菜体内 Cd 含量

土壤类型	处理浓度 /（mg·kg^{-1}）	土壤中 Cd 全量 /（mg·kg^{-1}）	土壤 DTPA 提取态 Cd 含量 /（mg·kg^{-1}）	小白菜茎叶中 Cd 含量 /（mg·kg^{-1} 鲜重）
褐土	CK	0.12	0.031±0.65	0.042±0.02
	5	5.12	2.99±1.10	1.99±0.41
	10	10.12	6.43±1.05	4.83±0.66
	15	15.12	8.54±0.83	6.27±1.02
	20	20.12	11.98±1.25	8.95±0.78
潮土	CK	0.13	0.045±0.18	0.047±0.03
	5	5.13	3.46±0.79	2.35±0.42
	10	10.13	6.70±0.29	4.98±0.87
	15	15.13	8.69±1.50	7.36±1.13
	20	20.13	12.38±1.24	10.59±0.85
棕壤	CK	0.20	0.053±0.48	0.063±0.05
	5	5.20	4.01±1.05	2.41±0.66
	10	10.20	8.21±0.73	6.40±0.95
	15	15.20	10.90±1.09	8.77±0.54
	20	20.20	14.47±2.04	10.86±0.91

小白菜体内 Cd 含量与土壤中 Cd 全量呈线性负相关（图 6-7）。在褐土、潮土和棕壤上的相关系数分别为 0.9927、0.9963 和 0.9874，均达到极显著水平（$P<0.01$）。

从安全角度出发，确定土壤中重金属 Cd 的毒性临界值，应以农产品可食用部

分中重金属元素含量不超过食品卫生标准为依据，以我国《食品中污染物限量标准》（GB 2762—2012）为依据，按照叶菜类中 Cd 的限量标准为 0.2 mg·kg^{-1}，通过方程拟合得出 Cd 临界值：褐土中为 0.58 mg·kg^{-1}，潮土中为 0.81 mg·kg^{-1}，棕壤中为 0.36 mg·kg^{-1}。

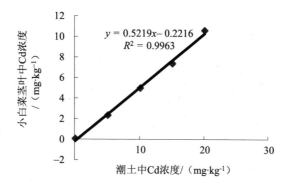

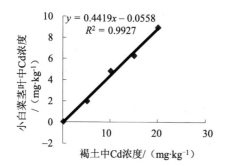

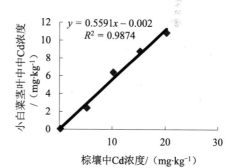

图 6-7 小白菜 Cd 含量和土壤中 Cd 全量的关系

(3) 土壤中 Cd 对小白菜吸收能力的影响

在褐土、潮土和棕壤上，小白菜对 Cd 的吸收系数均小于 1（图 6-8），说明小白菜对 Cd 有吸收作用，无富集作用。在三种不同土壤的相应处理中，吸收系数均不相同，不同土壤对 Cd 的吸收迁移能力大小差异为 1~2 倍，除对照外，小白菜的吸收系数为：潮土＞褐土＞棕壤，在其他各个浓度水平小白菜的吸收系数均为：棕壤＞褐土＞潮土，表明受外源重金属 Cd 污染的棕壤中，Cd 更容易通过植物吸收迁出。

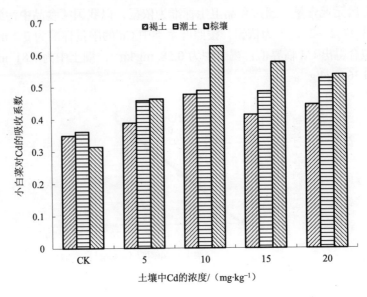

图 6-8　不同土壤中小白菜茎叶对 Cd 的吸收系数

6.1.6　小结

以山东省主要土壤类型（褐土、潮土、棕壤）为研究对象，定量加入 Cu、Zn、Pb、Cd 模拟污染土，种植小白菜，研究土壤临界值和小白菜对重金属元素的吸收，结论如下：

①褐土、潮土和棕壤上小白菜茎叶和根系的干重、鲜重均随着土壤中 Cu、Zn、Pb、Cd 加入量的增加而减小。Cu 为 100 mg·kg^{-1}、Zn 加入量为 100mg·kg^{-1}、Pb 为 50 mg·kg^{-1}、Cd 为 10mg·kg^{-1} 时，小白菜显著减产。

②褐土中 Cu、Zn、Pb、Cd 的临界值分别为 117.30 mg·kg^{-1}、151.35 mg·kg^{-1}、126.39 mg·kg^{-1} 和 0.58 mg·kg^{-1}；潮土分别为 121.32 mg·kg^{-1}、190.32 mg·kg^{-1}、135.26 mg·kg^{-1} 和 0.81mg·kg^{-1}；棕壤分别为：55.13 mg·kg^{-1}、134.05 mg·kg^{-1}、93.11 mg·kg^{-1} 和 0.36mg·kg^{-1}。在三种土壤中，Cu、Zn、Pb、Cd 的临界值大小顺序均为：潮土>褐土>棕壤。

③褐土、潮土和棕壤中小白菜对 Cu、Zn、Pb、Cd 的吸收系数均小于 1，说明小白菜在各个处理下对 Cu、Zn、Pb、Cd 有吸收作用，无富集作用。

6.2　淋 溶 系 数

淋溶作用是指污染物随渗透水在土壤中沿土壤垂直剖面向下的运动，是污染物在水-土壤颗粒之间吸附、解吸或分配的一种综合行为。淋溶的发生主要是由于溶解于土壤间隙水中的污染物随土壤间隙水的垂直运动而不断向下渗滤(陶春军，2007)。

重金属的淋溶迁移是一个复杂的物理化学过程，既有垂直运动，又有水平扩散；既有溶解、解吸作用，又有水解、配位反应，是物理化学因素相互作用达到动态平衡的结果。影响重金属在土壤中迁移的因素主要是 pH 值（Andreu V et al，1999；Romkens P et al，1999；Salam A K et al，1998 ），同时还受土壤 Eh 值、有机质含量、CEC、土壤胶体、有机和无机配体的数量等因子影响（黄进，2006）。一般来说，水溶性大的污染物，淋溶作用较强；土壤性质不同，对污染物淋溶性能的影响也不同，土壤黏粒含量愈低，其持水量愈低，这样就使单位体积土壤内的比表面积减少，降低了土壤对污染物的吸附性能，从而增强了污染物的迁移性能；土壤有机质含量愈高，吸附性能愈强，这样就会减弱污染物的淋溶能力（陈怀满，2005 ）。

下面以山东省主要土壤类型褐土、潮土、棕壤为研究对象，通过柱状淋溶模拟实验，研究土壤重金属淋溶系数，为山东省土壤环境容量建模提供科学依据。

6.2.1 材料与方法

(1) 供试土壤

褐土、潮土和棕壤土样分别采自山东省济南市灵岩寺附近农田、山东省商河县郊区农田和山东省泰安市山东农业大学农场；主要采集表层土壤（0~20cm）；土壤的基本理化性质见表 6-1。

(2) 实验装置

实验采用室内柱状淋溶实验方式（易秀，2005；成杰民等，2004），实验装置的主体如图 6-9 所示。

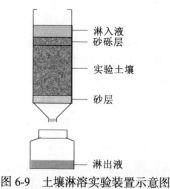

图 6-9 土壤淋溶实验装置示意图

(3) 实验方法

将 1.00 kg 过 10 目筛的实验土样装入直径 8.6 cm、高 20 cm 的聚乙烯圆柱内。底部放置适量玻璃纤维，其上放置 3cm 厚的砂层，再均匀装土 15cm，土样上部再放 2cm 厚的砂层。

土柱中土壤重金属含量分别为：0，5 mg·kg^{-1}，10 mg·kg^{-1}，15 mg·kg^{-1}，20 mg·kg^{-1} Cd^{2+}（CdCl$_2$）；0，50 mg·kg^{-1}，100 mg·kg^{-1}，500 mg·kg^{-1}，1000 mg·kg^{-1} Pb^{2+}（CH$_3$COO)$_2$Pb）；0，50 mg·kg^{-1}，100 mg·kg^{-1}，200 mg·kg^{-1}，400 mg·kg^{-1} Cu^{2+}（CuSO$_4$）；0，50 mg·kg^{-1}，100 mg·kg^{-1}，200 mg·kg^{-1}，400 mg·kg^{-1} Zn^{2+}（ZnCl$_2$）。培养平衡 30d 后，按多年平均降雨量（分别以长清年降水量为 644.2mm，商河年降水量为 574.8mm，泰安年降水量为 687.4mm 的 60% 进入土壤，40% 通过径流循环计算）（于素华等，2006）分 6 次向土壤中加水，每次加水分别为泰安 399mL、长清 363mL、商河 334mL（以土柱面积及降水量计算，相当于降雨分别为 64.4 mm、57.5 mm 和 68.7 mm）经土体从底部渗出，淋溶 30d 后，土柱内的土壤取出风干、磨细、过筛备用。淋溶过程中每间隔 5d，分别采集渗漏液 1 次，共（3×4×4）+3=51柱。

测定项目：收集的淋出液中 Cu、Zn、Pb、Cd 的浓度。实验结束时测定土壤中重金属的有效态含量。

(4) 淋溶系数计算方法

以污染土壤淋溶出的重金属的淋失量，除以加入的污染物量，作为淋溶系数。

6.2.2　淋溶液中重金属元素含量随淋溶次数的变化

三种土壤中 Cu、Zn、Pb、Cd 分别实验的 6 次淋溶实验结果表明（见图 6-10）：没有添加重金属的土壤与添加重金属的土壤其淋溶液中重金属含量及随淋溶次数的变化各不相同。三种土壤淋溶液中重金属浓度均随土壤中重金属添加量的增加而增加，随淋溶次数的增加而减小。没有添加重金属的对照淋溶液中重金属浓度随淋溶次数增加略有下降，但变化甚微，释放强度相对较为稳定。

将三种土壤不同重金属添加浓度 6 次淋出总量统计结果列于表 6-10 中。结果表明：与对照相比，褐土、潮土和棕壤中均是 Zn 最易淋出，其次是 Cd，Cu 和 Pb 较不易淋出；对照淋溶液中 Cu、Zn、Pb、Cd 的淋出总量分别是：褐土 0.137 mg·kg^{-1}、0.166 mg·kg^{-1}、0.077 mg·kg^{-1}、0.002 mg·kg^{-1}，潮土 0.055 mg·kg^{-1}、0.131 mg·kg^{-1}、0.061 mg·kg^{-1}、0.002 mg·kg^{-1}，棕壤 0.075 mg·kg^{-1}、0.281 mg·kg^{-1}、0.114 mg·kg^{-1}、0.005 mg·kg^{-1}，即 Cu 是：褐土＞棕壤＞潮土，Zn、Pb、Cd 是：棕壤＞褐土＞潮土。添加重金属的处理，淋溶液中重金属的淋出总量均随其添加量的增加而增加，各处理 Cu、Zn、Pb、Cd 元素淋出总量的趋势为：棕壤＞褐土＞潮土。

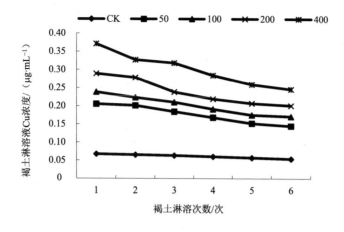

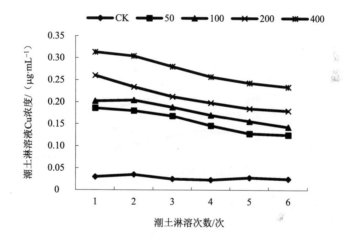

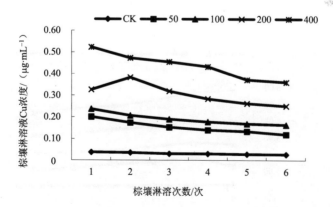

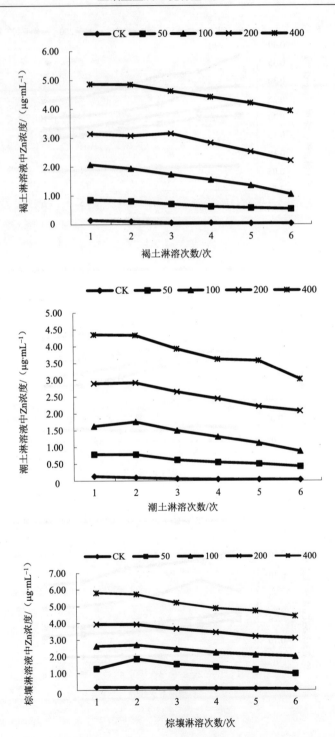

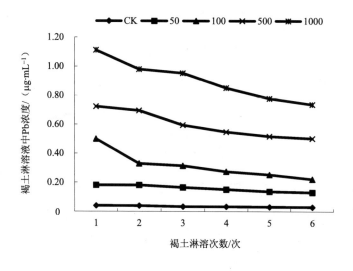

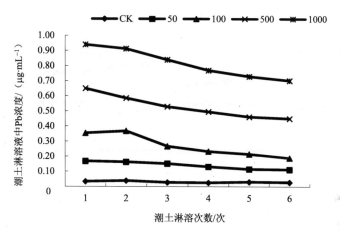

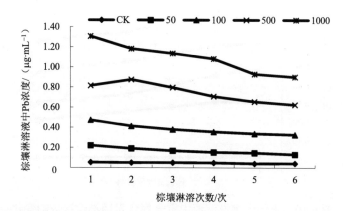

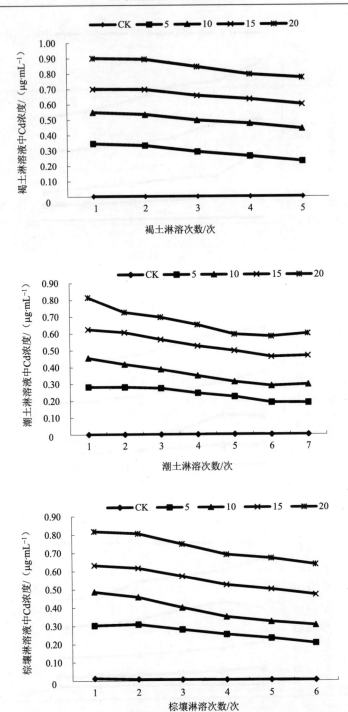

图 6-10　不同土壤淋溶液中重金属含量随淋溶次数的变化

表 6-10 山东省主要土壤类型中重金属的淋出总量（mg·kg^{-1}）

土壤类型	Cu		Zn		Pb		Cd	
	处理	淋出总量	处理	淋出总量	处理	淋出总量	处理	淋出总量
	0	0.137	0	0.166	0	0.077	0	0.002
	50	0.395	50	1.530	50	0.354	5	0.626
褐土	100	0.452	100	3.615	100	0.708	10	1.090
	200	0.536	200	6.322	500	1.340	15	1.445
	400	0.675	400	10.040	1000	2.024	20	1.851
	0	0.055	0	0.131	0	0.061	0	0.002
	50	0.311	50	1.221	50	0.280	5	0.501
潮土	100	0.355	100	2.730	100	0.543	10	0.738
	200	0.423	200	5.067	500	1.057	15	1.095
	400	0.544	400	7.615	1000	1.632	20	1.357
	0	0.075	0	0.281	0	0.114	0	0.005
	50	0.368	50	3.284	50	0.404	5	0.632
棕壤	100	0.456	100	5.622	100	0.913	10	0.927
	200	0.728	200	8.479	500	1.786	15	1.323
	400	1.043	400	12.265	1000	2.607	20	1.743

6.2.3 不同土壤中各重金属元素有效性指数的变化

DTPA 提取的土壤中重金属元素含量与植物吸收关系密切，这已被大量实验所证实。故用 DTPA 提取态表征土壤中植物有效态，土壤中有效性含量与总量之比作为土壤元素的有效性指数（于素华等，2006）。将各处理淋溶后的土壤混合均匀后取样测定其有效态重金属的含量，并计算出有效性指数。由表 6-11 可知，三种土壤添加重金属的各处理的有效性指数均远高于对照，且随添加重金属量的增加而增加。褐土 Cu 有效性指数比对照分别高 1~2 倍，Zn 高 9~11.5 倍，Pb 高 3.9~9.7 倍，Cd 高 2.4~2.7 倍；潮土 Cu 有效性指数比对照分别高 5~6 倍，Zn 高 9~11.5 倍，Pb 高 2.5~6.1 倍，Cd 高 2.1~2.8 倍；棕壤 Cu 有效性指数比对照分别高 6~7 倍，Zn 高 12.9~16.7 倍，Pb 高 2.9~9 倍，Cd 高 3.5~3.8 倍。

对照处理中 Cu 的有效性指数为：潮土＞棕壤＞褐土，Zn、Pb 为：棕壤＞潮土＞褐土，Cd 为：潮土＞褐土＞棕壤；随着添加重金属量的增多，各处理中 Cu、Zn 的有效性指数为：棕壤＞潮土＞褐土，Pb、Cd 为：棕壤＞褐土＞潮土。四种重金属的有效性都是棕壤中最高。在同种土壤上均为 Cd 的有效性最高。

表 6-11　山东省主要土壤类型中重金属的有效性指数

土壤类型	Cu		Zn		Pb		Cd	
	处理	有效性指数	处理	有效性指数	处理	有效性指数	处理	有效性指数
褐土	0	0.018	0	0.024	0	0.013	0	0.242
	50	0.309	50	0.26	50	0.055	5	0.624
	100	0.332	100	0.276	100	0.051	10	0.658
	200	0.407	200	0.216	500	0.1	15	0.569
	400	0.352	400	0.237	1000	0.126	20	0.647
潮土	0	0.074	0	0.025	0	0.019	0	0.246
	50	0.478	50	0.325	50	0.047	5	0.694
	100	0.497	100	0.335	100	0.051	10	0.689
	200	0.416	200	0.271	500	0.095	15	0.514
	400	0.407	400	0.280	1000	0.115	20	0.569
棕壤	0	0.069	0	0.035	0	0.021	0	0.190
	50	0.447	50	0.498	50	0.060	5	0.684
	100	0.457	100	0.583	100	0.065	10	0.720
	200	0.497	200	0.452	500	0.153	15	0.657
	400	0.449	400	0.552	1000	0.188	20	0.662

6.2.4　主要土壤类型中重金属的淋溶系数

以污染土壤淋溶出的重金属的淋失量，除以加入的污染物量，作为淋溶系数，山东省主要土壤类型中各重金属的淋溶系数见表 6-12。

表 6-12　不同土壤中重金属的淋溶系数（%）

土壤类型	Cu		Zn		Pb		Cd	
	处理	淋溶系数	处理	淋溶系数	处理	淋溶系数	处理	淋溶系数
褐土	0	0.279	0	0.32	0	0.300	0	1.900
	50	0.789	50	3.06	50	0.710	5	12.500
	100	0.452	100	3.62	100	0.710	10	10.900
	200	0.268	200	3.16	500	0.270	15	9.600
	400	0.169	400	2.51	1000	0.200	20	9.300
潮土	0	0.147	0	0.23	0	0.210	0	1.500
	50	0.622	50	2.44	50	0.560	5	10.000
	100	0.354	100	2.73	100	0.540	10	7.400
	200	0.211	200	2.53	500	0.210	15	7.300
	400	0.136	400	1.9	1000	0.160	20	6.800
棕壤	0	0.208	0	0.39	0	0.370	0	8.200
	50	0.734	50	6.57	50	0.810	5	12.600
	100	0.456	100	5.62	100	0.910	10	9.300
	200	0.364	200	4.24	500	0.360	15	8.800
	400	0.261	400	3.07	1000	0.260	20	8.700

由表 6-12 可知，对照处理的土壤，淋溶系数最小，三种土壤四种重金属元素均是在添加量较小时淋溶系数最大，而后逐渐减小。这是因为随着处理浓度的增高，虽然淋溶出的重金属的绝对量增加，但是土壤中的重金属含量也大幅增加，所以淋溶出的重金属相对于土壤污染来说，污染浓度越高淋溶出来的相对量将越少。

三种土壤相比较，总的趋势是潮土在各个浓度水平的淋溶系数均最小，棕壤的淋溶系数最大。重金属 Cu、Zn、Pb、Cd 很难随水分运动而发生迁移，一年的降雨在褐土、潮土和棕壤中至多能使占总量分别为 0.79％、0.62％和 0.73％的 Cu，12.5％、10.0％和 12.6％的 Cd，3.62％、2.73％和 6.57％的 Zn，0.71％、0.56％和0.91％的 Pb 发生淋溶损失。

6.2.5　小结

①三种土壤中 Cu、Zn、Pb、Cd 淋出量均随添加量的增高而增加，随淋溶次数的增加而降低，重金属的释放较对照强。对照淋溶液中重金属的淋出总量除 Cu 为：褐土＞棕壤＞潮土，其余三种重金属均为：棕壤＞褐土＞潮土。四种重金属淋出总量的趋势为：棕壤＞褐土＞潮土。潮土在各个浓度水平的淋溶系数均最小，棕壤的淋溶系数最大。

②三种土壤中的 Cu、Zn、Pb、Cd 的有效性指数均远高于对照，且随添加重金属量的增加而增加，对照处理中 Cu 的有效性指数为：潮土＞棕壤＞褐土，Zn、Pb 为：棕壤＞潮土＞褐土，Cd 为：潮土＞褐土＞棕壤；随着添加重金属量的增多，各处理中 Cu、Zn 的有效性指数为：棕壤＞潮土＞褐土，Pb、Cd 为：棕壤＞褐土＞潮土。四种重金属的有效性指数均为棕壤中最高。在同种土壤上均为 Cd 的有效性指数最高。

③三种土壤相比较，总的趋势是潮土在各个浓度水平的淋溶系数均最小，棕壤的淋溶系数最大。重金属 Cu、Zn、Pb、Cd 很难随水分运动而发生迁移，一年的降雨在褐土、潮土和棕壤中至多能使占总量分别为 0.79％、0.62％和 0.73％的Cu，12.5％、10.0％和 12.6％的 Cd，3.62％、2.73％和 6.57％的 Zn，0.71％、0.56％和 0.91％的 Pb 发生淋溶损失。

6.3　径 流 系 数

耕地中重金属的迁移主要伴随着土壤侵蚀过程的进行而发生，迁移的重金属主要以溶解态和固态迁移两种方式进行，前者随径流迁移，后者随泥沙迁移。土壤中重金属的迁移一般通过人工降雨下的径流模拟实验进行，但是降雨形成的径流除受降雨强度影响外，还受作物种类、土壤性质、坡度和坡长等的影响，需要选择不同类型农田设置试验点，研究区域小，工作量较大，且受区域条件的限制，很难反映出较大区域土壤中重金属的迁移量。

本研究选用合适的土壤流失模型，并根据研究区域的特点确定各项模型参数，计算得到不同侵蚀区域年土壤侵蚀量。并根据土壤中含有的重金属量，求出通过农田径流流失的重金属，从而计算出土壤重金属径流迁移系数。

6.3.1　土壤侵蚀量计算

(1) 计算模型选取

世界各国在开发土壤侵蚀预报经验模型的同时，也在注重侵蚀产沙物理过程及其物理模型的研究，并取得了大批创新性的研究成果，先后开发了通用土壤流失方程（USLE）和修正后的通用土壤流失方程（RUSLE）（Renard K D et al, 1997; Meyer L D, 1984; Wischmeier W H, 1976）、产流产沙预报模型（WEPP）（Flanagand C, 2001; Nearingm A, 1989）、荷兰模型（LISEM）（Dept of　Physical Geography, 1995）、欧洲产流产沙预报模型（EROSEM）（Morganr P C et al, 1998）等。国外物理过程模型（WEPP，LISEM，EROSEM）由于大都在平原地区开发和应用，对侵蚀物理过程描述相对简单，也由于缺乏中国观测数据的验证，所以不能直接应用于我国复杂地形的侵蚀产沙计算。但国外产流产沙过程预报模型中对于侵蚀过程描述和量化原理的思路及其方法值得我们借鉴。

自从 20 世纪 80 年代以来，以侵蚀产沙过程为基础的预报模型在我国得到了较快发展。王星宇（1987）根据黄土高原丘陵区小流域侵蚀地貌的特点，利用河流推移质和悬移质输沙公式，建立了估算小流域产沙量的数学模型。汤立群等（1997）利用水文学和泥沙运动力学的基本理论，构建了流域产沙动力学模型。江忠善等（1996）利用黄土高原丘陵沟壑区径流小区的观测资料，建立了次降雨小流域地块侵蚀预报模型。20 世纪 90 年代以后，随着 3S 技术发展，分布式水沙模型研制得到了重视，如祁伟等（2004）以黑草河小流域为对象，建立了基于场次暴雨的小流域侵蚀产沙分布式模型，模型可计算出任意网格单元的产汇流和侵蚀产沙的时空分布过程。GIS 具有强大的数据管理和空间分析功能，可根据下垫面情况将区域离散化为不同的单元（姚永慧等，2006），将 GIS 与土壤侵蚀模型相结合，可计算区域内不同单元的土壤侵蚀量，体现土壤侵蚀空间异质性（付金霞等，2006），本研究借助于 GIS 的空间分析功能求的研究区域的坡度等影响土壤流失的因素，探讨区域耕地土壤侵蚀量，为研究区域耕地土壤中重金属流失量提供依据。

地形地貌是影响水土流失的重要因素之一，其中，坡度、坡长对水土流失的影响更为显著。地面坡度是决定径流冲刷能力的基本条件之一，一定的降雨范围内，地面坡度越大，流速越大，水土流失量也越大。坡长与土壤侵蚀关系较复杂，当其他条件相同时，坡长越长，汇聚的流量越大，径流速度也就越大，土壤侵蚀量也就大。土壤是受侵蚀的主体，而土壤性质则是发生土壤侵蚀的内在条件，不同类型的土壤，其透水性、抗蚀性、抗冲性等有明显差异，从而制约着土壤侵蚀的强弱。植被是自然因素中对防止土壤侵蚀起积极作用的因素，良好的植被能够截流降雨，减小流速，固结土壤和改良土壤物理性状，提高土壤透水性和持水力，增强土壤的抗侵蚀能力，减少或防止水土流失（尹民，2001）。

因此，在计算降雨形成的土壤侵蚀量时，除了考虑受降雨强度影响外，还应充分考虑受农田作物种类、覆盖度，土壤性质，坡度和坡长等的影响。本研究对土壤侵蚀量的计算采用了修正的通用土壤流失方程（RUSLE）。

$$\text{Soil Loss}=R\times K\times C\times P\times L\times S \tag{6-1}$$

式中，Soil Loss 为土壤侵蚀量，t；R 为降雨侵蚀参数；K 为土壤侵蚀参数；C 为土壤覆盖与管理因子；P 为水土保持措施因子；L 为坡长因子；S 为坡度因子。

(2) 降雨侵蚀参数 R 的求算

降雨侵蚀力是降雨引起土壤侵蚀的潜在能力，它与降雨量、降雨强度、雨滴的大小及雨滴下降速度有关。降雨侵蚀力难以直接测定，尤其是对较大区域的研究，大多用降雨参数，如雨强、雨量等来估算。由于难以获得单次降雨和日降雨数据，采用年降雨侵蚀力计算（孟兆鑫等，2008）。模型为：

$$R=3.82P^{1.41} \tag{6-2}$$

式中，P 为年降雨量；R 为年降雨侵蚀力。

式（6-2）是以水土保持监测资料为依据，通过相关分析确定求降雨侵蚀力 R 值的简便算式，在缺乏降雨过程资料情况下，采用该方法还是较准确的（黄金良等，2004）。本研究采用山东省地面气候资料 1958~2006 年的降雨数据进行计算。

(3) 土壤侵蚀参数 K 的求算

通用土壤流失方程中的土壤侵蚀性因子 K 是指标准小区单位降雨侵蚀力因子的土壤流失量（R. 拉尔，1991）。采用 Williams 等（1990）的 K 值计算公式来计算 K 值，其数据源是山东省土壤普查数据（土壤机械组成划分采用国际制，与美国制不同，根据 K 值计算公式，在国际制土壤机械组成中缺少 0.05mm 节点，须经过质地转换）。据蔡永明等（2003）研究，三次样条函数插值效果较二次样条法及线性插值好，本研究在 Mat-lab6.5 下进行三次样条插值，完成土壤质地转换，研究区域各土壤类型 K 值并参考邓良基等（2003）的研究成果，得到的 K 值：棕壤为 0.292，褐土为 0.278，潮土为 0.269。

（4）土壤覆盖与管理因子 C 的求算

覆盖与管理因子是在相同的土壤、地形和降雨条件下，生长某一特定植被情况下的土壤流失量与连续休闲的土地土壤流失量的比值，反映了植被对地表的保护作用，完全没有植被保护的裸露地面 C 值取最大值 1.0，地面得到良好保护时，C 值取 0.001，C 值介于 0.001~1（王万忠等，1996）。

研究表明，C 因子要受到诸如植被、作物种植顺序、生产力水平、生长季长短、栽培措施、作物残余管理、降雨时间分布等众多因素的控制，这使得对 C 因子值的直接计算往往难以进行（Wischmeier W H et al，1978）。C 因子主要体现了覆盖和管理因子对土壤侵蚀的综合作用，其值大小最主要还是取决于具体的植被覆盖、耕作管理措施，因此 C 因子值的大小主要和土地利用类型有关（姚永慧，2006）。本研究在对区域耕作管理制度的调查基础上，结合有关 C 因子的研究报道（徐天蜀等，2002；倪九派等，2001；蔡崇法等，2000），根据研究区域土地利用现状，确定各土地利用类型的平均 C 因子值见表 6-13。

表 6-13　各种土地利用类型 C 值、P 值

土地类型	水田	旱地	林地	园地	灌木林
C 值	0.18	0.31	0.006	0.035	0.015
P 值	0.01	0.3	1	0.2	1

（5）水土保持措施因子 P 的求算

水土保持措施因子 P 是指采用专门措施后的土壤流失量与顺坡种植时的土壤流失量的比值，一般无任何水土保持措施的土壤类型 P 值为 1，其他情况 P 值在 0~1 之间。国内确定 P 值的定量方法少有报道，实际计算中一般通过对比的方法求出某些水土保持措施下的 P 值，但不同地区之间的误差较大。在研究区水土保持现状调查的基础上，参考张玉珍（2003）、黄金良（2004）等在九龙江流域的研究成果及其他文献（陈楠等，2006；倪九派等，2001），根据土地利用类型确定研究区域各类土地的 P 值，见表 6-13。

（6）坡度因子 S 的求算

①坡度因子 S 计算方法

坡度因子 S 是指在其他条件相同的情况下，任意坡度下单位面积土壤流失量与标准小区坡度下单位面积土壤流失量之比。通用土壤流失方程中的坡度因子 S

计算关系式,是以 3%~18% 缓坡条件下天然径流小区观测资料而建立的(傅涛等,2001)。通用土壤流失方程允许计算的最大坡度为 18%(约 10°),考虑到研究区域的坡度情况,坡度因子的计算进行分段考虑,采用刘宝元的坡度因子公式(Renard K G,1997):

$$S = \begin{cases} 10.8\sin\theta + 0.03 & \theta < 5° \\ 16.8\sin\theta - 0.5 & 5° \leqslant \theta < 10° \\ 21.9\sin\theta - 0.96 & \theta \geqslant 10° \end{cases} \quad (6-3)$$

式中,S 为坡度因子;θ 为坡度。

坡长因子 L 是指在其他条件相同的情况下,任意坡长的单位面积土壤流失量与标准坡长单位面积土壤流失量之比。

②地形图的配准

以长清研究区域为例说明求坡度的过程。

首先在 1:5 万地形图上选择研究区范围,如长清研究区范围为陈沟湾村北部,东义合庄东部(图 6-11)。

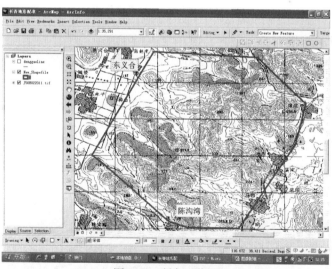

图 6-11　研究区范围

为了准确计算地形坡度,必须对所获地形图进行扫描纠正,并对扫描后的栅格图进行检查和配准,以确保矢量化工作顺利进行。

配准过程:把需要进行纠正的影像增加到 ArcMap 中,从 Tools 菜单中的 Customize 选中激活 Georeferencing 工具条,将 Georeferencing 工具条的 Georeferencing 菜单下 Auto Adjust 选择,在 Georeferencing 工具条上,点击 Add Control Point 按钮。使用该工具在扫描图上精确找到一个控制点点击,然后鼠标右击输入该点实际的坐标位置，如图 6-12 所示：用相同的方法，在影像上增加多个控制点（至少 4 个），输入它们的实际坐标。增加所有控制点后，在 Georeferencing 菜单下，点击 Update Display，图像上每一点都有了一个真实的地理坐标。

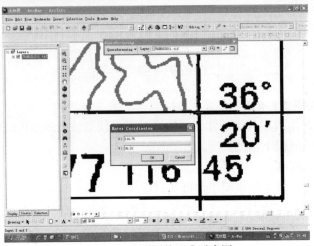

图 6-12　地形图的配准示意图

③数字化地形图

运行 ArcMap 软件，打开 ArcCatlog，找到配准的地形图所在的文件夹，在右边的页面单击鼠标右键选 new 选项下的 shape file，Name 中输入图层名 denggaoline，Feature Type 选择 polyline，点确定。将新建的图层 denggaoline 添加到 ArcMap 编辑页面，利用 tools 菜单中的 Tools bar 工具条进行等高线的数字化，直到数字化完所有的等高线，通过 Tools bar 工具条中的 Save edits 进行保存（图 6-13）。

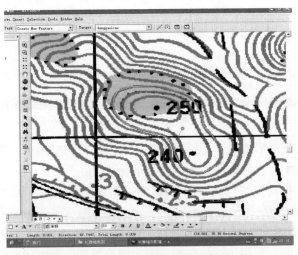

图 6-13　数字化地形图示意图

④研究区坡度分析

在ArcMap中新建一个地图文档，添加矢量数据denggaoline，从执行菜单工具的扩展中激活3DAnalyst扩展模块，在出现的对话框中选中3D，执行工具栏3D分析中的菜单命令3D分析[Create/Modify TIN]，从要素生成TIN，执行工具栏3D分析中的命令将生成TIN 转换到栅格，指定相关参数，像素大小：得到DEM数据：每个栅格单元表示10m×10m的区域。执行菜单命令3D 分析中的表面分析计算坡度，得到研究区域坡度栅格 chqslp。图6-14是统计分析的研究区域坡度栅格的坡度分布，得到平均坡度为12.3099°（图6-15）。再对商河和泰安研究区域依次进行分析，可得到它们的平均坡度分别为5.1268°和9.4563°。

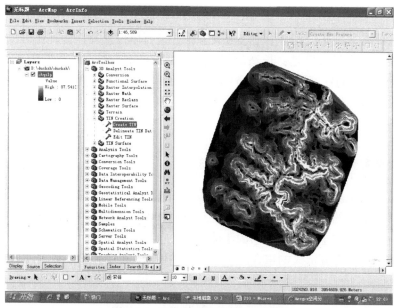

图 6-14 研究区域坡度分析示意图

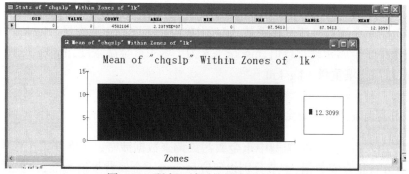

图 6-15 研究区域平均坡度生成示意图

(7) 坡长因子 L 的求算

流域坡长的提取有多种方法，国内研究中有基于格网的直接计算法和基于山脊线的快速计算法。曹龙熹等（2007）研究发现，在 ArcGIS 9.0 环境中分别用直接计算法和快速计算法进行坡长提取，结果发现，两种方法提取的结果与通过地形图量算的坡长比较，精度都较低。为了提高精度，对选定区域采取地形图量算的方法。坡长因子的计算采用杨子生（1999）的研究成果，公式为：

$$L = (l/20)^{0.24} \tag{6-4}$$

(8) 研究区域土壤侵蚀量

把各项有关数据代入通用土壤流失方程并进行单位换算，计算出来的各研究区域的土壤流失量分别是：长清的褐土为 6128 $t \cdot km^{-2} \cdot a^{-1}$，商河的潮土为 2659 $t \cdot km^{-2} \cdot a^{-1}$，泰安的棕壤为 5147 $t \cdot km^{-2} \cdot a^{-1}$。可见，长清的褐土侵蚀量最大，泰安的棕壤其次，商河的潮土侵蚀量最少。土壤的侵蚀量除了与各地的降雨量关系较大外，与各地的坡度关系更大。

6.3.2　土壤重金属径流迁移系数计算方法

径流中的重金属既以溶解态迁移，也以固态迁移，前者随径流迁移，后者随泥沙迁移，流失的重金属包括径流中的重金属和泥沙中的重金属两部分，实际上流失的这两部分重金属都主要来源于流失的土壤中，因此，可以根据土壤中重金属元素的浓度来计算流失的重金属量，土壤中重金属的径流迁移系数可用式（6-5）计算：

$$Z = \frac{M \times F}{2.25 \times 10^8 \times C_s} \tag{6-5}$$

式中，Z 为重金属的径流迁移系数；M 为单位土壤面积年流失量，$kg \cdot km^{-2} \cdot a^{-1}$；$C_s$ 为土壤中重金属元素背景值，$mg \cdot kg^{-1}$；F 为土壤中重金属浓度，$mg \cdot kg^{-1}$；2.25×10^8 为 $1km^2$ 耕层土壤重量，$kg \cdot km^{-2}$。

6.3.3　主要土壤类型中重金属的径流迁移系数

由于山东省主要土壤类型中重金属污染调查数据涉密，未能获得土壤中 Cu、Zn、Pb、Cd 含量真实数据，本节分别以研究区土壤重金属背景值为准，根据式（6-5）求出重金属的农田径流迁移系数，其结果列于表 6-14 中。

表 6-14　山东省主要类型土壤中重金属的径流迁移系数（%）

表 6-14　山东省主要类型土壤中重金属的径流迁移系数（%）

土壤类型	Cu	Zn	Pb	Cd
褐土	2.72	2.72	2.72	2.72
潮土	1.18	1.18	1.18	1.18
棕壤	2.29	2.29	2.29	2.29

由表 6-14 可见，同一种土壤各种重金属的径流迁移系数相同，主要是因为径流迁移过程中径流中含有的重金属量非常小，在计算过程中几乎可以忽略不计，通过径流迁移的重金属主要是被侵蚀的土壤带走。各重金属的径流迁移系数：褐土为 2.72%，潮土为 1.18%，棕壤为 2.29%。

6.3.4　小结

①土壤的侵蚀量与研究区域的降雨量、坡度关系最为密切，在其他条件一定的情况下，研究区域的降雨量和坡度越大，土壤的侵蚀量就越大。采用土壤流失通用方程计算出来的土壤流失量分别是：褐土为 6128t·km^{-2}·a^{-1}，潮土为 2659 t·km^{-2}·a^{-1}，棕壤为 5147 t·km^{-2}·a^{-1}。

②土壤中重金属的径流迁移系数与研究区域的土壤侵蚀量关系密切，与径流中重金属含量关系较小，主要是因为径流中重金属含量较低，与土壤被侵蚀带走的量相比，几乎可以忽略不计。以研究区土壤重金属背景值为准，各重金属的径流迁移系数：褐土为 2.72%，潮土为 1.18%，棕壤为 2.29%。

6.4　土壤重金属残留率

重金属在土壤中的迁移主要包括植物吸收、地下渗漏和地表径流等，将土壤中重金属向外迁移的三种系数转化为标化系数，即转化为单位质量土壤中重金属的迁移率，进行数学运算将得到山东省主要类型土壤重金属 Cu、Zn、Pb、Cd 的残留率。

6.4.1　植物对重金属的吸收率计算

植物对重金属的吸收率计算，以研究中盆栽实验所得到的小白菜对重金属的吸收系数估算。小白菜亩产量一般为 1500~2500kg，一年可以种 6~8 茬，以亩产量 2000kg，一年种 4 茬计算，得到小白菜一年吸收的重金属占土壤中重金属含量的比率（表 6-15）。

表 6-15　单位质量土壤中小白菜对重金属的吸收率（%）

土壤类型	Cu	Zn	Pb	Cd
褐土	0.155	0.208	0.064	2.075
潮土	0.107	0.176	0.043	2.443
棕壤	0.197	1.024	0.405	2.469

6.4.2　土壤中重金属的渗漏率计算

一年内单位质量耕层土壤中重金属通过渗漏向下迁移的重金属，除以单位土壤中重金属的含量，得到一年内土壤中重金属的渗漏率（表 6-16）。

表 6-16　单位质量土壤中重金属的渗漏率（%）

土壤类型	Cu	Zn	Pb	Cd
褐土	0.452	3.620	0.270	12.500
潮土	0.354	2.730	0.210	10.000
棕壤	0.456	5.620	0.360	12.600

6.4.3　土壤中重金属的径流迁移系数计算

一年内通过径流损失的重金属量，可根据土壤的流失量来计算，得到一年内通过径流单位质量耕层土壤中重金属的迁移系数（表 6-17）。

表 6-17　单位质量土壤中重金属的径流迁移系数（%）

土壤类型	Cu	Zn	Pb	Cd
褐土	2.720	2.720	2.720	2.720
潮土	1.180	1.180	1.180	1.180
棕壤	2.290	2.290	2.290	2.290

6.4.4　土壤中重金属的残留率计算

把植物对重金属的吸收率、重金属向下层土壤的迁移率和重金属的径流迁移系数相加，得到一年内重金属的输出系数。根据输出系数加残留率等于 1，最后得到土壤中各重金属的残留率 K（表 6-18）。

表 6-18　不同土壤类型中重金属的残留率（%）

土壤类型	Cu	Zn	Pb	Cd
褐土	96.673	93.452	96.946	82.705
潮土	98.359	95.914	98.567	86.377
棕壤	97.057	91.066	96.945	82.641

由表6-18可见,重金属Cu的残留率为:潮土>棕壤>褐土,Zn、Pb、Cd在不同土壤中的残留率均为:潮土>褐土>棕壤;褐土和潮土中重金属残留率为:Pb>Cu>Zn>Cd,棕壤中重金属残留率为:Cu>Pb>Zn>Cd。其中,Zn、Cu、Pb在三种土壤中的残留率均达90%以上,Pb的残留率最高,在潮土中最高达98.567%,Cd的残留率最低,在82.641%~86.377%之间。山东省主要土壤类型重金属残留率较高,主要原因是山东省降雨量较少,年平均降雨量仅为676.5mm,重金属的径流迁出和渗漏迁出量较低,所以重金属的残留率较高。

6.5 结　论

①盆栽实验结果表明:褐土、潮土和棕壤上小白菜茎叶和根系的干重、鲜重均随着土壤中Cu、Zn、Pb、Cd加入量的增加而减小。Cu加入量为100 mg·kg^{-1}、Zn为100mg·kg^{-1}、Pb为50 mg·kg^{-1}、Cd为10mg·kg^{-1}时,小白菜显著减产。褐土中Cu、Zn、Pb、Cd的临界值分别为117.30 mg·kg^{-1}、151.35 mg·kg^{-1}、126.39 mg·kg^{-1}和0.58 mg·kg^{-1};潮土分别为121.32 mg·kg^{-1}、190.32 mg·kg^{-1}、135.26 mg·kg^{-1}和0.81mg·kg^{-1};棕壤分别为:55.13 mg·kg^{-1}、134.05 mg·kg^{-1}、93.11 mg·kg^{-1}和0.36mg·kg^{-1}。在三种土壤中,Cu、Zn、Pb、Cd的临界值大小顺序均为:潮土>褐土>棕壤。褐土、潮土和棕壤中小白菜对Cu、Zn、Pb、Cd的吸收系数均小于1,无富集作用。

②淋溶实验结果表明:三种土壤中Cu、Zn、Pb、Cd淋出量均随添加量的增高而增加,随淋溶次数的增加而降低。四种重金属元素的淋出总量趋势为:棕壤>褐土>潮土。潮土在各个浓度水平的淋溶系数均最小,棕壤的淋溶系数最大。三种土壤中的Cu、Zn、Pb、Cd的有效性指数均远高于对照,且随添加重金属量的增加而增加。在同种土壤上Cd的有效性指数均最高。

③土壤中重金属的径流迁移系数与研究区域的土壤侵蚀量关系密切,因径流带走的重金属含量与土壤被侵蚀带走的量相比,几乎可以忽略不计。以研究区土壤重金属背景值为准,各重金属的径流迁移系数:褐土为2.72%,潮土为1.18%,棕壤为2.29%。

④重金属Cu在不同土壤中的残留率大小为:潮土>棕壤>褐土,Zn、Pb、Cd均为:潮土>褐土>棕壤;褐土和潮土中重金属残留率的大小为:Pb>Cu>Zn>Cd,棕壤为:Cu>Pb>Zn>Cd。其中,Zn、Cu、Pb在三种土壤中的残留率均达90%以上,Pb的残留率最高,在潮土中最高达98.567%,Cd的残留率最低,在82.641%~86.377%之间。山东省主要土壤类型重金属残留率较高,主因是降雨量较少,重金属的径流和渗漏迁出量较低。

7 山东省土壤重金属环境质量状况及其变化特征

7.1 研究区概况

山东省地处黄河下游，大致介于东经 114°36′至 122°43′，北纬 34°22′至 38°33′之间，土地总面积 15.3 万 km^2（折合 2.3 亿亩），南北最宽处距离约 420km，东西最长处距离约 700km，使山东自然地理的东西差异远比南北差异明显。山东省地域辽阔，所处地理位置较好，生物资源、海洋资源、矿产资源、土壤资源，能源等丰实，类型众多，为发展农林牧副多种经营提供了有利条件（见 2007 年山东省统计年鉴）。

山东省主要土壤类型有棕壤、褐土、潮土和盐土等土壤类型。其中褐土占全省土壤总面积的 18.16%、潮土 41.1%、棕壤 30.66%，总计约 90%，这三种土壤为山东省主要土壤类型（山东土壤肥料工作站，1994），也是我们的主要研究对象。

褐土主要分布在鲁中南山地丘陵区。土壤比重在 2.66~2.76 $g·cm^{-3}$ 之间，一般情况下石灰性褐土比重小，淋溶褐土比重大。土壤容重为 1.35~1.48 $g·cm^{-3}$，通气孔隙度为 44.0%~50.0%。褐土盐基饱和度 100%，全剖面有石灰反应，为中性至微碱性。

潮土主要分布在鲁西南、鲁西北黄泛平原、胶莱平原，以及鲁东丘陵和鲁中南山地丘陵区的大小冲积平原上。潮土的容重和孔隙状况与质地、结构和有机质含量密切相关，容重一般为 1.30~1.45 $g·cm^{-3}$，孔隙度为 45.0%~13.0%。全剖面有石灰反应，$CaCO_3$ 多。潮土呈中性至碱性反应，pH 有较大的范围值，非石灰性潮土 pH 值为 6.5~7.2，碱化潮土 pH 值在 8.5 以上，其他类型土壤呈中性至微碱性，pH 值为 7.5~8.5。有机质积累较少，N、P 少，K 相对较丰富。

棕壤集中分布在鲁东丘陵区。棕壤的容重较大，总孔隙度较低。与其他土类相比，棕壤有较好的通气性和透水性，有利于作物根系的呼吸和土壤有机物的矿化分解。由于淋溶强烈，盐基饱和度只有 60%~70%，全剖面没有石灰反应。土壤为中性至微酸性（山东省环境保护科学研究所，1990）。

7.2　研究方法

7.2.1　布点采样

（1）布点

2007 年采用全球定位系统在全省范围内精确布设代表性采样点 60 个（表 7-1，图 7-1），其中褐土 25 个，潮土 16 个，棕壤 19 个，采集农田耕层土壤（0~20cm），风干、磨细、过筛备用。

表 7-1　山东省农田土壤重金属采样点

采样点	土壤类型	地理位置		地点（县-乡-村）
		经度	纬度	
1#	褐土	N 36°07′49.8″	E117°14′59.94″	泰安市泰山区邱家店乡东颜张村
2#	褐土	N 35°55′11.16″	E117°33′22.98″	新泰市谷里镇大尧沟村
3#	褐土	N 35°48′34.98″	E117°49′52.5″	新泰市汶南镇盘古庄
4#	褐土	N 35°43′57.3″	E117°54′32.22″	蒙阴县蒙阴镇茶棚村
5#	褐土	N 35°35′19.92″	E117°56′07.8″	蒙阴县桃墟乡西团埠村
6#	褐土	N 35°25′51.06″	E117°57′27.42″	费县曲庄乡徐家庄
7#	褐土	N 35°14′40.14″	E117°55′28.92″	费县城关镇于家泉村
8#	褐土	N 35°10′56.76″	E117°52′40.68″	费县城关镇山后湾村
9#	褐土	N 34°58′39.66″	E117°39′05.28″	枣庄市山亭区北庄镇半湖村
10#	褐土	N 35°04′34.68″	E117°32′44.88″	枣庄市山亭区徐庄镇前楼村
11#	褐土	N 35°05′41.04″	E117°15′58.2″	滕州市东沙河镇陈岗村
12#	褐土	N 35°05′48.36″	E117°15′53.52″	滕州市东沙河镇陈岗村
13#	褐土	N 35°05′13.38″	E117°04′55.74″	滕州市姜屯镇种宅村
14#	褐土	N 35°55′55.8″	E117°4′41.2″	宁阳县磁窑
15#	褐土	N 35°49′16.7″	E117°3′52.3″	宁阳县磁窑北（南驿）
16#	褐土	N 35°37′6.4″	E117°9′18.2″	曲阜市防山
17#	褐土	N 35°37′51.7″	E117°9′36.3″	泗水县金庄
18#	褐土	N 35°28′44.6″	E117°37′5.1″	平邑县城北郊（外环）
19#	褐土	N 34°52′0.4″	E118°10′22.8″	苍山县神山镇
20#	褐土	N 34°58′9.9″	E118°8′37.1″	苍山县沂堂镇
21#	褐土	N 35°18′60″	E118°45′56.4″	莒南县大店镇
22#	褐土	N 35°32′12.6″	E118°48′1.4″	莒县刘官庄镇
23#	褐土	N 35°35′4.2″	E118°41′57″	沂南县湖头镇
24#	褐土	N 35°42′18.6″	E118°35′24.3″	沂水县许家湖夏家楼
25#	褐土	N 36°11′21.2″	E114°3′42.7″	沂源县鲁村沙沟

续表

采样点	土壤类型	地理位置		地点（县-乡-村）
		经度	纬度	
26#	潮土	N 35°25′08.46″	E116°21′56.28″	嘉祥县城关镇刘山坡村
27#	潮土	N 35°23′58.38″	E116°11′26.16″	巨野县麒麟镇郭庄村
28#	潮土	N 35°30′23.1″	E116°00′14.28″	郓城县随官屯镇吕月屯村
29#	潮土	N 36°01′15.72″	E115°50′31.62″	聊城市阳谷县寿张镇闫堤村
30#	潮土	N 36°07′49.8″	E117°14′59.94″	阳谷县侨润办事处杜庄
31#	潮土	N 36°22′04.08″	E115°49′31.08″	聊城市东昌府区朱老庄乡两界村
32#	潮土	N 36°35′56.04″	E116°06′10.26″	茌平县博平镇十家庄村
33#	潮土	N 36°47′25.44″	E116°10′17.04″	高唐县赵寨子乡王辛村
34#	潮土	N 36°57′13.56″	E116°14′20.52″	高唐县梁村镇梁村街
35#	潮土	N 37°11′50.4″	E116°16′20.82″	平原县恩城镇十里铺村
36#	潮土	N 37°19′54.42″	E116°30′29.1″	陵县开发区宋家洼村
37#	潮土	N 37°13′07.92″	E116°55′34.08″	临邑县临邑镇李家村
38#	潮土	N 37°15′51.0″	E117°04′43.38″	商河县贾庄镇孟东村
39#	潮土	N 37°14′00.6″	E117°09′37.02″	商河县钱铺乡西铺村
40#	潮土	N 37°02′22.14″	E117°09′33.3″	济阳县垛石镇石亩田村
41#	潮土	N 36°49′29.1″	E117°05′58.92″	济阳县崔寨镇天兴村
42#	棕壤	N 36°46′34.9″	E119°44′38.1″	平度市田庄镇幸福庄
43#	棕壤	N 36°47′17.1″	E120°04′36.9″	平度市云山镇上庄
44#	棕壤	N 36°51′50.3″	E120°22′15.9″	莱西市牛西埠镇向阳岭
45#	棕壤	N 36°55′14.6″	E120°33′55.5″	莱西市周格庄镇后周
46#	棕壤	N 36°59′12.6″	E120°48′44.2″	莱阳市龙王庄镇前头村
47#	棕壤	N 37°07′54.4″	E121°02′43.4″	海阳市徐家店镇野夼堡
48#	棕壤	N 37°17′52.4″	E121°15′46.9″	烟台市福山区回里镇善疃村
49#	棕壤	N 37°24′20.3″	E121°30′48.8″	烟台市莱山区谢家庄镇刘家埠村
50#	棕壤	N 37°24′07.5″	E121°41′03.4″	烟台市牟平区大窑镇石头河村
51#	棕壤	N 37°24′34.2″	E121°58′36.2″	威海市环翠区羊亭镇店上村
52#	棕壤	N 37°21′59.7″	E122°01′34.7″	文登市汪疃镇桐杨口村
53#	棕壤	N 37°05′00.4″	E121°52′55.9″	文登市泽头镇林村
54#	棕壤	N 36°54′58.7″	E121°41′07.1″	乳山市大孤山镇小孤山村
55#	棕壤	N 36°51′04.5″	E121°25′05.3″	乳山市乳山寨镇玉皇台村
56#	棕壤	N 36°45′27.5″	E121°03′43.0″	海阳市里店镇姜家庄
57#	棕壤	N 36°40′37.1″	E120°53′31.7″	海阳市行村镇西小疃村
58#	棕壤	N 36°38′46.1″	E120°43′29.9″	莱阳市穴坊镇南山后村
59#	棕壤	N 36°24′57.5″	E120°28′07.8″	即墨市开发区黄家西流村
60#	棕壤	N 36°28′49.2″	E120°33′56.5″	即墨市龙泉镇梁家屯

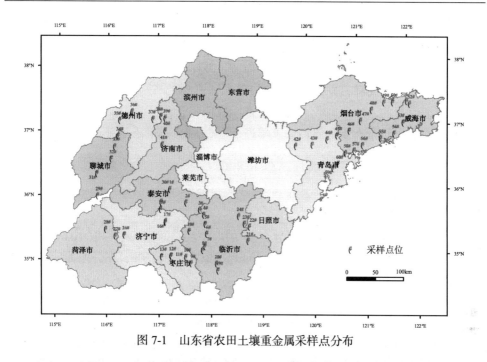

图 7-1　山东省农田土壤重金属采样点分布

根据土壤类型和作物种植品种分布，按土壤肥力高、中、低分别采样。一般 10~20 hm² （不同地区根据情况确定）采取一个耕层混合样，每个示范村的主要农作土种至少采集 3~4 个混合农化土样。采样点以锯齿型或蛇型分布，要做到尽量均匀和随机。应用土壤底图确定采样地块和采样点，并在图上标出，确定调查采样路线和方案。

(2) 采样部位和深度

根据耕层厚度，确定采样深度，一般取样深度为 0~20cm。

(3) 采样时间

取土时间为 2007 年 6 月，小麦收获前几天。

(4) 采样方法、数量

农化土样采用多点混合土样采集方法，每个混合农化土样由 20 个样点组成。样点分布范围不少于 0.2 hm²（各地根据情况确定）。每个点的取土深度及重量应均匀一致，土样上层和下层的比例也要相同。采样器应垂直于地面，入土至规定的深度。采样使用不锈钢、木、竹或塑料器具。样品处理、储存等过程不要接触金属器具和橡胶制品，以防污染。每个混合样品一般取 1kg 左右。

(5) 样品编号和档案记录

做好采样记录，包括土样编号、采样地点及经纬度、土壤名称、采样深度、前茬作物及产量、采样日期、采样人等。

基于研究目的，本研究仅对山东省基本农田（示范区农田）重金属污染现状进行调查，没有对全省重金属污染土壤进行普查。

7.2.2　分析方法

(1) 土壤理化性质测定

土壤 pH 值测定：采用水土比为 2∶1 的电位法，即用天平称取 10.0g 土壤样品，放入 100mL 烧杯中，用量筒量取 50mL 蒸馏水倒入烧杯，充分搅拌后用笔式 pH 计测定其 pH 值。

土壤有机质含量测定：采用重铬酸钾容量法，即准确称取 0.5g 土壤样品于 50mL 的三角瓶中，然后准确加入 $1mol \cdot L^{-1}$（$1/6K_2Cr_2O_7$）溶液 10mL 于土壤样品中，转动三角瓶使混合均匀，然后加入浓硫酸 20mL，将三角瓶中缓慢转动 1min，促使混合以保证土壤和试剂充分作用，并在低温电热板上放置 30min，加蒸馏水稀释至 250mL，加 4~5 滴邻菲罗啉指示剂，然后用标定的 $FeSO_4$（$0.5\ mol \cdot L^{-1}$ 左右）标准溶液滴定至终点时溶液颜色由绿色变成暗绿色，逐滴加入 $FeSO_4$ 直至生成砖红色为止。用同样的方法做空白测定（史瑞和，1996）。

(2) 土壤有效态重金属含量测定

称取过 20 目筛的风干土壤样品 12.5g，放入 60mL 塑料瓶中，加 20mLDTPA 浸提剂（$0.005mol \cdot L^{-1}$ DTPA-$0.01\ mol \cdot L^{-1}$ $CaCl_2$-$0.1\ mol \cdot L^{-1}$ TEA，pH 值为 7.3），在 25℃时用振荡机振荡 2h，过滤得清液待测。用原子吸收分光光度法分别测定样品中 Cu、Zn、Pb、Cd 重金属有效态含量。

全量和有效态的测定设置了相同的标准曲线（表 7-2）。

表 7-2　标准曲线溶液浓度

重金属离子	标准曲线溶液浓度/（$mg \cdot L^{-1}$）					相关系数 r
Cu^{2+}	0	0.5	1.0	1.5	2.0	0.9994
Zn^{2+}	0	1.0	2.0	3.0	4.0	0.9991
Pb^{2+}	0	1.0	2.0	3.0	4.0	0.9997
Cd^{2+}	0	0.1	0.2	0.3	0.4	0.9995

(3) 土壤中重金属全量测定

称取风干并通过 100 目尼龙筛的 1.0g 土样于 50mL 玻璃三角瓶中，用少量去离子水润湿样品，并同时作空白实验。将放置样品及空白试剂的三角瓶用王水-高氯酸法消解的方法在消化炉上 HNO_3-HCl-$HClO_4$ 三酸消煮至近干。用中速定量滤纸过滤去除残渣于 50mL 容量瓶中，水洗 3 至 4 次三角瓶、滤纸和沉淀用去离子水定容稀释至刻度。保存至塑料瓶中，准备作测定用。对 60 个土样所得滤液分别利用原子吸收分光光度法测定 Cu、Zn、Pb、Cd 重金属全量（国家环境保护局和国家技术监督局，1995）。

土壤样本于 2007 年 6 月小麦成熟前采样，但是重金属全量与有效态含量分析是 2009 年，故相关图表中重金属全量和有效态含量标注 2009 年。

7.2.3 土壤环境质量综合评价方法

采用改进的内梅罗指数法对山东省土壤重金属环境质量进行评价。

通过前面对重金属含量统计特征的分析，可知山东省土壤重金属含量变化范围较大，因此不能采用平均值或中位数代替部分采样点。为了准确详细地分析山东省表层土壤环境质量，参考周广柱等（2005）基于内梅罗污染指数提出的加权土壤污染评价指数和李雪梅等（2007）提出的基于改进 AHP 法，依据《中华人民共和国国家标准》中重金属污染物在粮食作物中的限量值，兼顾不同重金属元素对人体健康危害的程度不同，人体通过食品可吸收的重金属的限量也不同，确定了 Cu、Zn、Pb、Cd 权重分别为 0.025、0.0149、0.1086、0.1086。

7.2.4 土壤重金属积累速率计算方法

土壤环境中重金属元素的积累速率：

$$k = \frac{C_t - C_0}{t} \tag{7-1}$$

式中，C_t 为 t 时间的土壤环境重金属元素的含量，mg·kg^{-1}；C_0 为背景含量或变化起始时的含量，mg·kg^{-1}；t 为变化所经历的时间，a；k 为土壤环境中重金属元素的积累速率，mg·kg^{-1}·a^{-1}。

土壤重金属年变化率为：

$$A = \frac{k}{C_0} \times 100\% \tag{7-2}$$

式中，A 为土壤环境中重金属元素的年变化率，a^{-1}。

7.2.5　数据处理与制图方法

研究中所涉及的数据方差分析、显著性检验等数据处理皆采用 SPSS14.0 统计软件进行，Excel 软件进行图表制作。

7.3　山东省农田土壤重金属全量分布特征

7.3.1　农田土壤理化性质

表 7-3、表 7-4 结果显示：所测土样 pH 值的变化范围为 4.70~8.25，褐土范围为 4.70~7.55，平均值为 6.78；潮土范围为 7.60~8.25，平均值为 7.82；棕壤范围为 5.60~7.90，平均值为 6.70。土样有机质含量的变化范围为 0.40%~3.19%，变化幅度不大。褐土范围为 1.31%~3.19%，平均值为 2.02%；潮土范围为 0.40%~2.32%，平均值为 1.33%；棕壤范围为 0.47%~2.32%，平均值为 1.20%。有机质是土壤肥力的标志性物质，按全国第二次土壤普查的分级标准划分，可知山东省农田土壤褐土区属于中等肥力水平，潮土区和棕壤区均属于低等肥力水平。

表 7-3　山东省农田土壤理化性质

采样点	土壤类型	pH 值	有机质/%
1#	褐土	6.90	1.33
2#	褐土	7.55	2.23
3#	褐土	7.05	2.11
4#	褐土	7.55	3.19
5#	褐土	5.45	2.18
6#	褐土	5.70	1.90
7#	褐土	7.20	1.58
8#	褐土	7.00	1.99
9#	褐土	7.15	1.92
10#	褐土	7.25	2.17
11#	褐土	6.65	2.10
12#	褐土	5.95	2.19
13#	褐土	6.85	1.65
14#	褐土	7.35	2.40
15#	褐土	6.60	1.62
16#	褐土	7.30	1.93
17#	褐土	7.15	1.32
18#	褐土	4.70	1.31
19#	褐土	7.20	3.19
20#	褐土	7.00	1.86

续表

采样点	土壤类型	pH 值	有机质/%
21#	褐土	5.75	2.43
22#	褐土	7.25	1.83
23#	褐土	6.90	2.16
24#	褐土	7.20	1.54
25#	褐土	6.95	2.38
26#	潮土	7.65	2.10
27#	潮土	7.75	2.32
28#	潮土	7.60	1.20
29#	潮土	7.60	1.16
30#	潮土	7.90	1.76
31#	潮土	7.80	1.76
32#	潮土	7.85	1.90
33#	潮土	7.75	0.84
34#	潮土	8.25	1.50
35#	潮土	8.05	1.03
36#	潮土	7.95	0.67
37#	潮土	7.80	1.29
38#	潮土	7.75	0.40
39#	潮土	7.90	1.27
40#	潮土	7.65	0.96
41#	潮土	7.80	1.07
42#	棕壤	7.90	1.25
43#	棕壤	7.05	0.47
44#	棕壤	7.65	0.63
45#	棕壤	7.35	0.81
46#	棕壤	7.20	0.74
47#	棕壤	6.90	0.85
48#	棕壤	6.60	0.93
49#	棕壤	7.30	1.27
50#	棕壤	6.30	1.81
51#	棕壤	6.90	1.58
52#	棕壤	5.85	1.18
53#	棕壤	5.95	0.80
54#	棕壤	5.80	1.24
55#	棕壤	5.60	1.07
56#	棕壤	5.80	1.30
57#	棕壤	6.75	1.40
58#	棕壤	7.15	1.62
59#	棕壤	6.35	1.99
60#	棕壤	6.85	1.89

表 7-4　山东省不同土壤类型理化性质统计值

土壤类型	褐土		潮土		棕壤	
项目	pH 值	有机质/%	pH 值	有机质/%	pH 值	有机质/%
均值	6.78	2.02	7.82	1.33	6.70	1.20
范围	4.70~7.55	1.31~3.19	7.60~8.25	0.40~2.32	5.60~7.90	0.47~2.32

7.3.2　农田土壤重金属全量统计值和主要类型土壤环境背景值

山东省 60 个采样点的农田土壤重金属全量值见表 7-5。

表 7-5　山东省农田土壤重金属全量值

土壤类型	采样点	Cu	Zn	Pb	Cd
	1#	58.25	66.00	87.25	0.09
	2#	53.15	268.3	36.65	0.37
	3#	44.95	113.4	204.8	0.21
	4#	55.35	292.3	161.1	0.28
	5#	67.30	84.50	131.3	0.34
	6#	59.80	298.2	114.6	0.44
	7#	57.40	290.6	51.10	0.36
	8#	71.25	63.05	57.10	0.26
	9#	13.50	81.10	52.60	0.19
	10#	173.75	90.90	95.10	0.22
	11#	54.85	91.70	102.6	0.41
	12#	59.45	130.8	227.6	0.20
褐土	13#	43.20	117.8	90.60	0.30
	14#	10.90	79.10	159.6	0.42
	15#	166.6	253.9	80.60	0.34
	16#	139.4	271.30	610.6	0.31
	17#	39.15	69.00	79.10	0.18
	18#	42.55	272.1	183.6	0.38
	19#	66.75	96.85	53.10	0.37
	20#	51.05	122.0	463.6	0.42
	21#	35.70	98.45	55.70	0.42
	22#	46.05	74.25	18.95	0.47
	23#	62.85	110.8	13.85	0.27
	24#	57.95	98.05	75.00	0.39
	25#	39.05	43.30	49.15	0.39

续表

土壤类型	采样点	Cu	Zn	Pb	Cd
潮土	26#	55.85	123.7	148.1	0.13
	27#	72.20	296.3	183.6	0.23
	28#	31.35	252.5	287.6	0.16
	29#	61.70	277.8	32.60	0.35
	30#	53.10	132.5	199.1	0.15
	31#	45.60	61.65	54.10	0.44
	32#	96.85	39.15	55.10	0.26
	33#	48.85	41.40	71.60	0.26
	34#	72.50	226.2	182.1	0.37
	35#	43.85	297.7	300.1	0.22
	36#	72.05	59.70	193.6	0.34
	37#	47.95	31.85	95.10	0.27
	38#	56.60	51.20	71.10	0.26
	39#	49.40	47.25	185.1	0.17
	40#	129.75	297.9	86.60	0.21
	41#	62.80	44.05	106.6	0.26
棕壤	42#	61.75	13.25	53.10	0.05
	43#	93.55	271.9	50.10	0.03
	44#	52.50	17.85	87.10	0.04
	45#	75.95	194.8	55.10	0.11
	46#	97.60	57.20	272.6	0.06
	47#	32.85	170.8	50.60	0.10
	48	75.80	60.00	101.1	0.10
	49#	56.70	76.05	96.60	0.07
	50#	56.40	94.60	146.1	0.09
	51#	51.10	73.50	70.60	0.05
	52#	139.10	197.9	136.1	0.10
	53#	79.55	74.65	146.1	0.08
	54#	87.35	82.80	85.10	0.23
	55#	43.85	72.70	55.60	0.15
	56#	65.75	115.3	86.60	0.11
	57#	103.1	34.50	65.60	0.02
	58#	70.90	98.10	157.6	0.03
	59#	75.95	43.40	80.60	0.02
	60#	83.75	83.30	85.60	0.10

　　表 7-6 是山东省农田土壤重金属全量的统计值和超过国家土壤环境质量二级标准（GB15618—1995）的超标率。根据表中的结果分别在下文中分析讨论山东省农田土壤重金属全量现状，并依据山东省土壤背景值研究结果（表 7-7）和国家土壤环境质量二级标准，绘制得到山东省土壤重金属全量分布图。

表 7-6　山东省农田土壤重金属全量统计值（mg·kg⁻¹）

土壤	统计项目	Cu	Zn	Pb	Cd
褐土	全量范围值	10.90~173.7	43.30~298.2	13.85~610.6	0.09~0.47
	平均值±标准差	62.81±39.73	143.1±88.45	130.2±136.29	0.32±0.10
	变异系数	0.63	0.62	1.05	0.31
	超标率/%	12.00	0	8.00	0
	二级国标	100	300	350	1.00
潮土	全量范围值	3.35~129.75	31.85~297.90	32.60~300.10	0.13~0.44
	平均值±标准差	62.53±23.56	141.6±110.58	140.8±82.09	0.26±0.08
	变异系数	0.38	0.78	0.58	0.33
	超标率/%	6.25	0	0	0
	二级国标	100	300	350	1.00
棕壤	全量范围值	32.85~139.10	13.25~271.9	50.10~272.6	0.02~0.23
	平均值±标准差	73.87±24.46	85.93±67.33	99.05±54.25	0.08±0.05
	变异系数	0.33	0.78	0.55	0.64
	超标率/%	10.53	5.26	0	0
	二级国标	100	250	300	0.60

表 7-7　山东省主要类型土壤的环境背景值（mg·kg⁻¹）

土壤类型	Cu	Zn	Pb	Cd
褐土	23.58±1.29	64.49±1.26	22.41±6.24	0.0813±0.0214
潮土	22.70±1.32	64.03±1.27	25.98±1.22	0.0985±0.0376
棕壤	22.94±9.10	57.80±27.04	30.22±16.33	0.0607±0.0301

　　由表 7-6 可知，土壤中 Cu 全量均值为：棕壤＞褐土＞潮土。Zn 和 Cd 全量均值为：褐土＞潮土＞棕壤。Pb 全量均值为：潮土＞褐土＞棕壤。土壤中 Cu、Zn、Pb、Cd 全量的最大值分别为 173.7 mg·kg⁻¹、298.2 mg·kg⁻¹、610.6 mg·kg⁻¹ 和 0.47 mg·kg⁻¹。

　　褐土、潮土、棕壤三种土壤中分别有 12.00%、6.25%、10.53%的样点 Cu 全量超过了国家《土壤环境质量标准》（GB15618—1995）二级标准。土壤中 Cu 全量的最大值为 173.7 mg·kg⁻¹。仅棕壤中 5.26%的 Zn 全量，褐土中 8.00%的 Pb 全量超标，Cd 全量均低于国家土壤二级标准。

7.3.3　农田土壤重金属全量分布特征

(1) Cu 全量分布

　　表 7-7 显示：褐土、潮土、棕壤三种土壤中 Cu 的背景值分别为：23.58 mg·kg⁻¹、

22.70 mg·kg^{-1}、22.94 mg·kg^{-1}，均在 20 mg·kg^{-1} 上下。Cu 在褐土、潮土和棕壤中的二级标准值均为 100 mg·kg^{-1}。60 个样点的 Cu 全量统计结果表明（表 7-6）：褐土中有 8.00％的样点在土壤背景值范围内，潮土和棕壤中 Cu 全量值均超出土壤背景值范围。60 个样点中位于曲阜市、宁阳县、济阳县、文登市、海阳市、枣庄市山亭区 6 个样点的 Cu 全量超过了土壤环境质量二级标准，占调查样点 10％，其余样点均未超标。Cu 全量的最大值出现在枣庄市山亭区，其含量为 173.7 mg·kg^{-1}。

褐土、潮土、棕壤三种土壤中 Cu 全量均值为：棕壤（73.87 mg·kg^{-1}）＞褐土（62.81 mg·kg^{-1}）＞潮土（62.53 mg·kg^{-1}）。

依据国家土壤环境质量二级标准值（表 7-6）和山东省土壤背景值研究结果（表 7-7），绘制得到山东省农田土壤 Cu 全量分布图（图 7-2）。

(2) Zn 全量分布

表 7-6、表 7-7 显示：褐土、潮土、棕壤三种土壤中 Zn 的背景值分别为：64.49 mg·kg^{-1}、64.03 mg·kg^{-1}、57.80 mg·kg^{-1}，均在 60 mg·kg^{-1} 上下。Zn 在褐土和潮土中的二级标准值均为 300 mg·kg^{-1}，Zn 在棕壤中的二级标准值为 250 mg·kg^{-1}。60 个样点的统计结果表明：褐土中有 8.00％、潮土中有 50.00％、棕壤中有 63.16％的样点在土壤背景值范围内。60 个样点中只有位于平度市云山镇 1 个样点的 Zn 全量超过了土壤二级标准，占调查样点 1.67％，其余样点均未超标。Zn 全量的最大值出现在平原县，其含量为 298.2 mg·kg^{-1}。

褐土、潮土、棕壤三种土壤中 Zn 全量均值为：褐土（143.1mg·kg^{-1}）＞潮土（141.6 mg·kg^{-1}）＞棕壤（85.93 mg·kg^{-1}）。

依据国家土壤环境质量二级标准值（表 7-6）和山东省土壤背景值研究结果（表 7-7），绘制得到山东省农田土壤 Zn 全量分布图（图 7-3）。

(3) Pb 全量分布

表 7-6、表 7-7 显示：褐土、潮土、棕壤三种土壤中 Pb 的背景值分别为：22.41 mg·kg^{-1}、25.98 mg·kg^{-1}、30.22 mg·kg^{-1}，均在 30 mg·kg^{-1} 上下。Pb 在褐土和潮土中的二级标准值均为 350 mg·kg^{-1}，Pb 在棕壤中的二级标准值为 300 mg·kg^{-1}。60 个样点的统计结果表明：褐土中有 8.00％的样点在土壤背景值范围内，潮土和棕壤中所有样点均超出土壤背景值范围内，60 个样点中只有位于沂南县的 1 个采样点，其全量值低于背景值。60 个样点中位于曲阜市防山、苍山县 2 个样点的 Pb 全量超过了土壤二级标准，占调查样点 3.33％。Pb 全量的最大值出现在曲阜市防山，其含量达到了 610.6 mg·kg^{-1}，严重超过土壤二级标准。

褐土、潮土、棕壤三种土壤中 Pb 全量均值为：潮土（140.8 mg·kg^{-1}）＞褐土（130.2mg·kg^{-1}）＞棕壤（99.05 mg·kg^{-1}）。

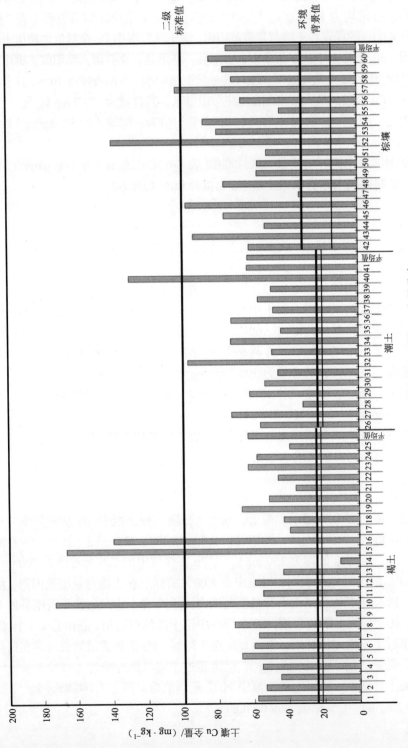

图 7-2　山东省农田土壤 Cu 全量分布

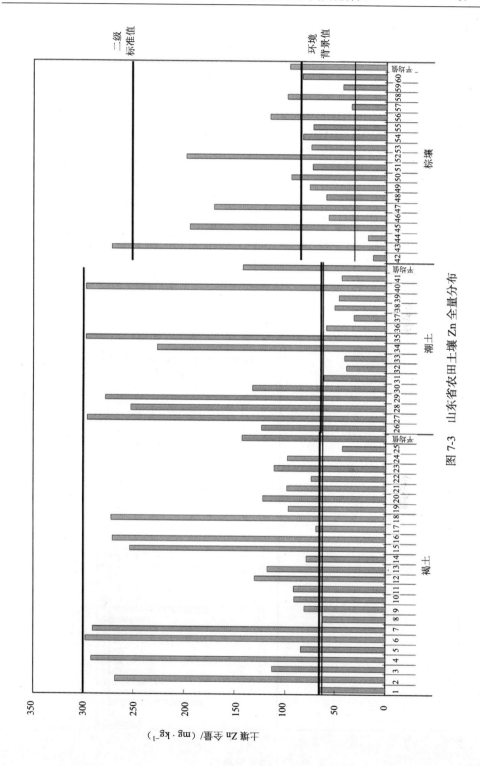

图 7-3 山东省农田土壤 Zn 全量分布

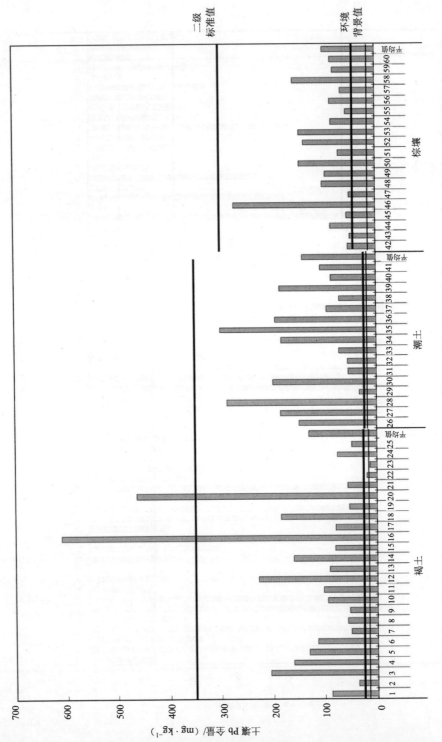

图 7-4　山东省农田土壤 Pb 全量分布

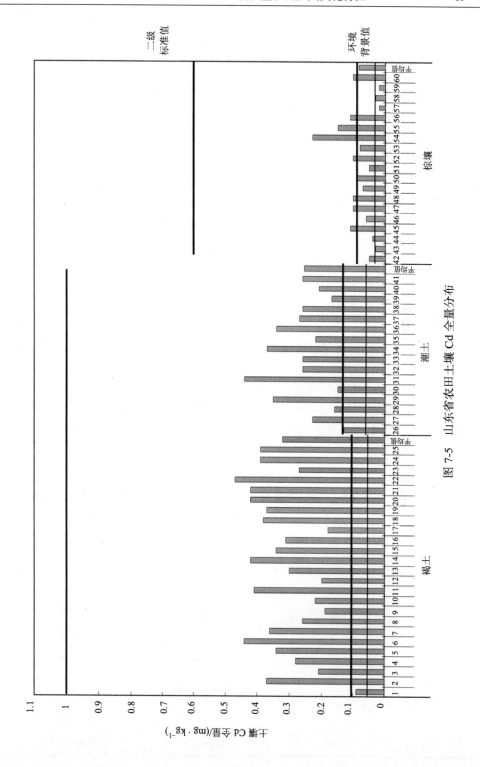

图 7-5　山东省农田土壤 Cd 全量分布

依据国家土壤环境质量二级标准值(表 7-6)和山东省土壤背景值研究结果(表 7-7)，绘制得到山东省农田土壤 Pb 全量分布图（图 7-4）。

(4) Cd 全量分布

表 7-6、表 7-7 显示：褐土、潮土、棕壤三种土壤中 Cd 的背景值分别为：0.0813mg·kg^{-1}、0.0985 mg·kg^{-1}、0.0607mg·kg^{-1}，均在 0.1 mg·kg^{-1} 上下，Cd 在褐土和潮土中的二级标准值均为 1.0mg·kg^{-1}，Cd 在棕壤中的二级标准值为 0.6 mg·kg^{-1}。60 个样点的统计结果表明：褐土中有 4.00%、潮土中有 6.25%、棕壤中有 57.89%在土壤背景值范围内；60 个样点 Cd 全量均低于土壤二级标准。Cd 全量的最大值出现在莒县刘官庄镇，其含量仅为 0.47 mg·kg^{-1}，远低于二级标准。

褐土、潮土、棕壤三种土壤中 Cd 全量均值为：褐土（0.32mg·kg^{-1}）＞潮土（0.26 mg·kg^{-1}）＞棕壤（0.08 mg·kg^{-1}）。

依据国家土壤环境质量二级标准值(表 7-6)和山东省土壤背景值研究结果(表 7-7)，绘制得到山东省农田土壤 Cd 全量分布图（图 7-5）。

7.4　山东省农田土壤重金属环境质量综合评价

土壤环境是一个复杂的体系，环境污染往往是由多个污染因子复合污染及各重金属元素之间在土壤体系中相互影响的结果。采用改进的内梅罗指数法对山东省 60 个农田土壤采样点重金属环境质量进行综合评价，各采样点综合污染指数计算结果见表 7-8 和图 7-6。

表 7-8　山东省农田土壤 60 个采样点综合污染指数

土壤类型	采样点	综合污染指数	综合污染级别
褐土	1#	0.3341	未受污染
	2#	0.6350	未受污染
	3#	0.4581	未受污染
	4#	0.7311	未受污染
	5#	0.4630	未受污染
	6#	0.7533	未受污染
	7#	0.7038	未受污染
	8#	0.4608	未受污染
	9#	0.1051	未受污染
	10#	1.4118	轻度污染

土壤类型	采样点	综合污染指数	综合污染级别
褐土	11#	0.3589	未受污染
	12#	0.5183	未受污染
	13#	0.2426	未受污染
	14#	0.3725	未受污染
	15#	1.3571	轻度污染
	16#	1.4742	轻度污染
	17#	0.1739	未受污染
	18#	0.6909	未受污染
	19#	0.4328	未受污染
	20#	1.0980	轻度污染
	21#	0.3020	未受污染
	22#	0.3368	未受污染
	23#	0.3759	未受污染
	24#	0.3684	未受污染
	25#	0.2741	未受污染
潮土	26#	0.3449	未受污染
	27#	0.7477	未受污染
	28#	0.6466	未受污染
	29#	0.6605	未受污染
	30#	0.4357	未受污染
	31#	0.3098	未受污染
	32#	0.6933	未受污染
	33#	0.2661	未受污染
	34#	0.5748	未受污染
	35#	0.7833	未受污染
	36#	0.5296	未受污染
	37#	0.2683	未受污染
	38#	0.3333	未受污染
	39#	0.3963	未受污染
	40#	1.0055	轻度污染
	41#	0.4006	未受污染

土壤类型	采样点	综合污染指数	综合污染级别
	42#	0.3588	未受污染
	43#	0.7961	未受污染
	44#	0.2803	未受污染
	45#	0.5202	未受污染
	46#	0.7627	未受污染
	47#	0.4226	未受污染
	48#	0.5067	未受污染
	49#	0.3297	未受污染
	50#	0.3574	未受污染
棕壤	51#	0.2671	未受污染
	52#	1.0995	轻度污染
	53#	0.5551	未受污染
	54#	0.6304	未受污染
	55#	0.2169	未受污染
	56#	0.4164	未受污染
	57#	0.7405	未受污染
	58#	0.4727	未受污染
	59#	0.4929	未受污染
	60#	0.5757	未受污染

根据《农田土壤环境质量监测规范》(中华人民共和国农业部, 2012), 当 $P_{综}\leqslant$ 1, 未受污染; $1<P_{综}\leqslant 2$ 时, 为轻度污染; $2<P_{综}\leqslant 3$, 为中度污染; $P_{综}>3$, 为重度污染。表 7-8 和图 7-6 中结果显示, 山东省农田土壤重金属综合污染指数为 0.1051~1.4742。60 个采样点中综合污染指数 >1 的有 6 个样点, 占调查总样点数的 10%。其中综合污染指数值最大 (1.4742) 位于曲阜境内。经上述分析发现, 该样点的 Cu、Pb 超标, Zn 含量也较高, 因此综合污染指数也较高。综合污染指数最小值 (0.1051) 位于枣庄市境内。

在 6 个 $P_{综}>1$ 样点中, 有 4 个在褐土区, 潮土、棕壤区中各有 1 个。它们分别在枣庄市山亭区、宁阳县、曲阜市防山、苍山县、济阳县、文登市。说明这些地区受到不同程度的重金属污染。今后, 进一步追溯污染源, 控制污染源重金属排放, 从而控制区域土壤环境质量是十分必要的。

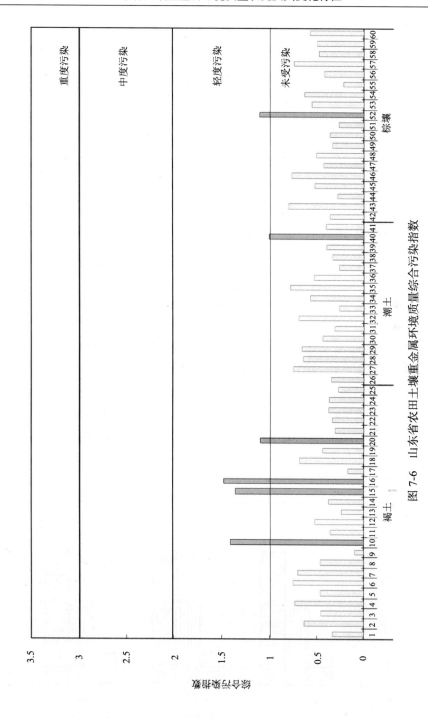

图 7-6　山东省农田土壤重金属环境质量综合污染指数

7.5　1989~2009 年山东省土壤重金属环境质量变化特征

1989 年山东省土壤重金属数据资料来自《农业环境质量报告书》和《山东省环境背景值调查研究》。1989 年和 2009 年山东省土壤重金属全量数据均采用国家标准分析方法获得，数据具有可比性。但因两次采样不在同一点位，所以不能做逐点比较。本研究按不同的土壤类型，根据统计值（平均值±标准差）进行比较。

7.5.1　农田土壤重金属全量变化特征

(1) Cu 全量变化

2009 年测得的 Cu 全量值与 1989 年获得的山东省主要类型重金属全量和相应土壤类型国家二级标准值三者比较发现（表 7-9，图 7-7）：2009 年得到的褐土、潮土、棕壤中 Cu 全量均值与 1989 年比较分别高了 2.66 倍、2.75 倍和 3.22 倍。虽然低于国家二级标准，但是不难看出，1989~2009 年接近 20 年来山东省土壤 Cu 全量明显升高，且变化最大的是棕壤。2009 年三种土壤 Cu 全量均有超过国家土壤二级标准（100 mg·kg^{-1}）的样点，而 1989 年则没有，说明近 20 年人类活动影响明显加剧。

表 7-9　1989 年和 2009 年山东省农田土壤 Cu 全量统计值

土壤	2009 年平均值	超标率/%	变异系数	1989 年平均值	变异系数
褐土	62.81±39.73	12.00	0.63	23.58±1.29	0.05
潮土	62.53±23.56	6.25	0.38	22.70±1.32	0.06
棕壤	73.87±24.46	10.53	0.33	22.94±9.10	0.40

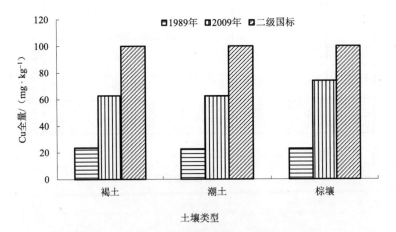

图 7-7　山东省农田土壤 Cu 全量平均值的比较

(2) Zn 全量变化

2009 年测得的 Zn 全量值与 1989 年获得的山东省主要类型重金属全量和相应土壤类型国家二级标准值三者比较发现（表 7-10，图 7-8）：2009 年得到的褐土、潮土、棕壤中 Zn 全量均值与 1989 年比较分别高了 2.22 倍、2.21 倍和 1.49 倍。虽然仍低于国家二级标准，但是不难看出，近 20 年山东省土壤 Zn 全量明显升高，变化最小的是棕壤。

表 7-10 1989 年和 2009 年山东省农田土壤 Zn 全量统计值

土壤	2009 年平均值	超标率/%	变异系数	1989 年平均值	变异系数
褐土	143.12±88.45	0	0.11	64.49±1.26	0.02
潮土	141.63±110.58	0	0.08	64.03±1.27	0.02
棕壤	85.93±67.33	5.26	0.11	57.80±27.04	0.47

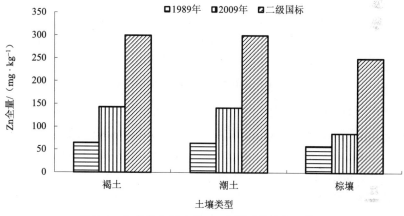

图 7-8 山东省农田土壤 Zn 全量平均值的比较

从 Zn 全量范围看，2009 年褐土、潮土、棕壤中 Zn 全量分别在 43.30~298.2 mg·kg^{-1} 之间、31.85~297.9 mg·kg^{-1} 之间、13.25~271.9 mg·kg^{-1} 之间，三种土壤均有超过国家土壤二级标准（褐土、潮土：300 mg·kg^{-1}，棕壤：250 mg·kg^{-1}）的样点。而 1989 年三种土壤均无超过国家二级标准的样点。

(3) Pb 全量变化

2009 年测得的 Pb 全量值与 1989 年获得的山东省主要类型重金属全量和相应土壤类型国家二级标准值三者比较发现（表 7-11，图 7-9）：2009 年得到的褐土、潮土、棕壤中 Pb 全量均值与 1989 年比较分别高了 5.81 倍、5.42 倍和 3.28 倍。虽然仍低于国家二级标准，但是不难看出，近 20 年山东省土壤 Pb 全量明显升高。

表 7-11　1989 年和 2009 年山东省农田土壤 Pb 全量统计值

土壤	2009 年平均值	变异系数	超标率/%	1989 年平均值	变异系数
褐土	130.21±136.29	0.50	8	22.41±6.24	0.28
潮土	140.76±82.09	0.25	0	25.98±1.22	0.05
棕壤	99.05±54.25	0.18	0	30.22±16.33	0.54

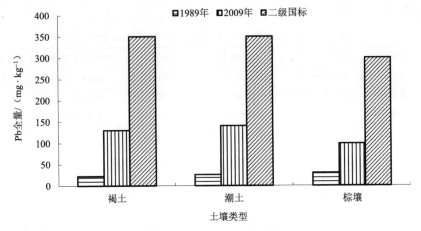

图 7-9　山东省农田土壤 Pb 全量平均值的比较

从 Pb 全量范围看，2009 年褐土、潮土、棕壤中 Pb 全量分别在 13.85~610.6 mg·kg^{-1} 之间、32.60~300.1 mg·kg^{-1} 之间、50.10~272.6mg·kg^{-1} 之间、三种土壤均有超过国家土壤二级标准（褐土、潮土：350 mg·kg^{-1}，棕壤：300 mg·kg^{-1}）的样点，个别样点严重超标。而 1989 年分别为 22.41mg·kg^{-1}、25.98 mg·kg^{-1}、30.22mg·kg^{-1}，均无超过国家二级标准的样点。

山东省农田土壤 Pb 含量增长速度惊人，各土壤类型中 Pb 含量增长了数倍，应给予高度重视，并采取相关措施，以确保潮土中 Pb 全量数值的回落。而汽车尾气是环境中铅的重要来源，Pb 随尾气排出，造成公路边土壤的铅污染（陈建安等，2001）。蓄电池、汽油防爆剂、电缆外套、建筑材料、弹药、保险丝及一些油漆、食品包装材料、化妆品等均含有铅（周启星等，2004）。

(4) Cd 全量变化

2009 年测得的 Cd 全量值与 1989 年获得的山东省主要类型重金属全量和相应土壤类型国家二级标准值三者比较发现（表 7-12，图 7-10）：2009 年得到的褐土、潮土、棕壤中 Cd 全量均值与 1989 年比较分别高了 3.94 倍、2.59 倍和 1.33 倍。虽然低于国家二级标准，但是不难看出，近 20 年山东省土壤 Cd 全量大幅度升高。褐土增高幅度最大，棕壤最小。

表 7-12 1989 年和 2009 年山东省农田土壤 Cd 全量统计值

土壤	2009 年平均值	超标率/%	变异系数	1989 年平均值	变异系数
褐土	0.32±0.10	0	0.62	0.0813±0.0214	0.26
潮土	0.26±0.08	0	0.21	0.0985±0.0376	0.38
棕壤	0.08±0.05	0	0.14	0.0607±1.0301	16.97

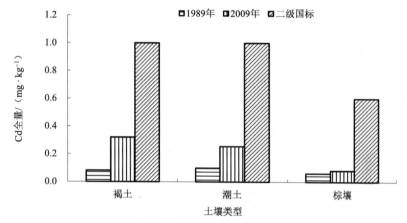

图 7-10 山东省农田土壤全量 Cd 平均值的比较

从 Cd 全量范围看，2009 年褐土、潮土、棕壤中 Cd 全量分别在 0.09~0.47 mg·kg^{-1} 之间、0.13~0.44 mg·kg^{-1} 之间、0.02~0.23mg·kg^{-1} 之间，三种土壤均无超过国家土壤二级标准（褐土、潮土：1.0 mg·kg^{-1}，棕壤：0.6mg·kg^{-1}）的样点。而 1989 年分别为 0.0813 mg·kg^{-1}、0.0985 mg·kg^{-1}、0.0607 mg·kg^{-1}，也均无超过国家二级标准的样点。

山东省各类型农田土壤中 Cd 均未超过二级标准值，测量现状值较 1989 年相比大幅度增长，褐土，潮土，棕壤的平均全量值与国家二级标准值还有一段距离，其中棕壤的平均值增长幅度并不是很大，这主要是由于棕壤分布区 Cd 的排放量少，还由棕壤呈弱酸性的物理性质所决定。四种重金属中仅有 Cd 的 60 个采样点的含量值全部在允许范围内，全省范围内基本农田土壤均未受到 Cd 污染，Cd 在褐土和潮土中的含量明显高于棕壤中的含量。Cd 对于生物体和人体来说是非必需的元素，我国土壤 Cd 背景值为 0.097 mg·kg^{-1}（翟航，2007）。有研究表明，土壤中的 Cd 大于 0.5mg·kg^{-1} 时，像菠菜、大豆等农作物会受到生理毒害（郑鹏然等，1996）。

综上，山东省 1989~2009 年以来土壤重金属中 Pb 元素变化幅度最大，尤其是在褐土中，近 20 年全量增加了 5.81 倍，Cd 元素在棕壤中变化幅度最小，20 年增加了 1.33 倍；4 种重金属元素在三种土壤中变化幅度最大的是褐土，其次是潮土，变化幅度最小的是棕壤。

7.5.2　农田土壤重金属有效态含量变化特征

(1) 2009 年农田土壤重金属有效态含量统计值

土壤中 Cu 有效态均值为：棕壤＞潮土＞褐土，Zn 有效态均值为：棕壤＞褐土＞潮土，Pb 有效态均值为：潮土＞褐土＞棕壤。土壤中 Cu、Zn、Pb 有效态含量最大值分别为 5.71 mg·kg^{-1}、8.17 mg·kg^{-1}、6.43 mg·kg^{-1}；Cd 有效态含量均低于检出限（0.05 mg·kg^{-1}）（表 7-13）。

表 7-13　2009 年山东省农田土壤重金属有效态含量统计值（mg·kg^{-1}）

土壤	统计项目	Cu	Zn	Pb	Cd
褐土	含量范围值	0.10~4.0	3.86~7.99	3.78~6.43	*
	平均值±标准差	1.80±1.32	6.63±1.18	5.12±1.25	*
	变异系数	0.73	0.18	0.24	*
潮土	有效态范围值	0.01~5.71	4.74~8.13	4.34~6.15	*
	平均值±标准差	2.11±1.55	6.24±1.20	5.39±0.69	*
	变异系数	0.74	0.19	0.13	*
棕壤	有效态范围值	1.75~4.84	0.18~8.17	3.79~4.29	*
	平均值±标准差	3.12±0.89	6.77±6.89	4.05±0.13	*
	变异系数	0.29	0.28	0.03	*

注：* 表示未检出。

环境生物地球化学认为，污染物的生态环境效应是以生物有效性形态为基础的。土壤环境中重金属有效态含量能更好地反映土壤污染冲击（潘根兴等，1999）。鉴于 1989 年资料中没有研究 Pb 和 Cd 有效态的含量，故本节仅讨论近 20 年山东省不同土壤中 Cu 和 Zn 有效态平均值的变化。

(2) Cu 有效态含量变化

图 7-11 结果表明，2009 年得到的褐土、潮土、棕壤中 Cu 有效态均值与 1989 年比较分别高了 1.55 倍、1.22 倍和 1.70 倍。可以看出，近 20 年山东省土壤中 Cu 有效态数值略有升高。从 Cu 有效态范围看，2009 年褐土、潮土、棕壤中 Cu 有效态分别在 0.10~4.0mg·kg^{-1} 之间、0.01~5.71mg·kg^{-1} 之间、1.75~4.84mg·kg^{-1} 之间。而 1989 年平均值分别为 1.16mg·kg^{-1}、1.73 mg·kg^{-1}、1.83mg·kg^{-1}。

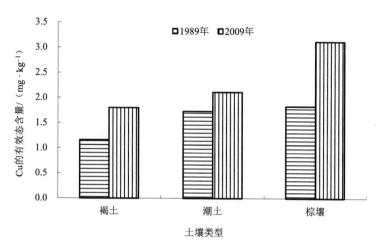

图 7-11　山东省农田土壤 Cu 有效态平均值的比较

(3) Zn 有效态含量变化

图 7-12 结果表明，2009 年得到的褐土、潮土、棕壤中 Zn 有效态均值与 1989 年比较分别高了 15.95 倍、16.60 倍和 11.50 倍。可以看出，近 20 年山东省土壤中 Zn 有效态数值大幅度升高。20 年间，各类型土壤中 Zn 的有效态数值增加了十几倍，其增长幅度巨大。有效态数值的大小与人类健康的关系更加密切，应引起高度重视。从 Zn 有效态范围看，2009 年褐土、潮土、棕壤中 Zn 有效态分别在 3.86~7.99mg·kg^{-1} 之间、4.74~8.13mg·kg^{-1} 之间、0.18~8.17mg·kg^{-1} 之间。而 1989 年平均值分别为 0.42mg·kg^{-1}、0.38 mg·kg^{-1}、0.61mg·kg^{-1}。

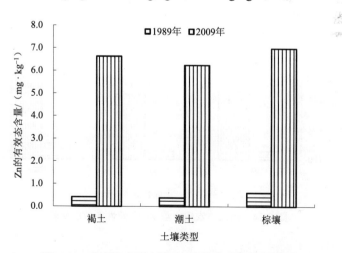

图 7-12　山东省农田土壤 Zn 有效态平均值的比较

7.5.3 农田土壤重金属有效性指数变化特征

　　土壤中元素有效性含量与总量之比作为土壤元素的有效性指数（于素华等，2006），它可从元素的活性强度上清楚地指示污染冲击。本研究以土壤中 DTPA 提取态含量与总量之比作为土壤元素的有效性指数（潘根兴等，1999）。

　　对土壤 Cu、Zn 有效性指数分析发现（图 7-13、图 7-14）：2009 年土壤 Cu 的有效性指数显著低于 1989 年，说明 20 年来虽然土壤中 Cu 全量显著增加，但是土壤有效性并未增加；而土壤 Zn 有效性指数则大幅增加，褐土、潮土、棕壤分别增加了 7.19 倍、7.51 倍、7.74 倍。虽然 Zn 的全量增加幅度小于 Cu，但是土壤有效性指数则高于 Cu。有效性增加可提高植物可利用性，过高可增加生物毒性。

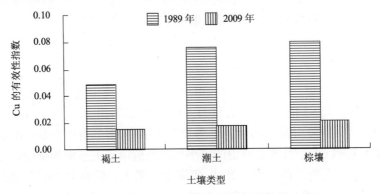

图 7-13　山东省农田土壤 Cu 有效性指数的比较

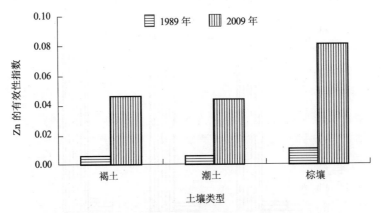

图 7-14　山东省农田土壤 Zn 有效性指数的比较

7.5.4 农田土壤理化性质、全量与有效态间的相关性分析

利用 SPSS 软件对 60 个样点的有效态含量分别与土壤全量、pH 值、有机质含量进行相关性分析,得到相关性系数(表 7-14、表 7-15)。

由表 7-14 可知:土壤有效态重金属含量与全量呈显著或极显著正相关。说明土壤全量的增加会导致有效态含量的增加。土壤有效态重金属含量与土壤 pH 呈负相关,且土壤有效态 Zn 含量与 pH 达到显著相关水平。说明 pH 升高一般会引起土壤溶液中某些金属离子的水解沉淀。与土壤有机质含量呈负相关,且土壤有效态 Cu 和有效态 Pb 分别达到极显著相关和显著相关水平。

表 7-14　山东省农田土壤理化性质、全量与有效态相关性系数

项目	Cu 有效态	Zn 有效态	Pb 有效态
pH 值	−0.190	−0.286*	−0.242
有机质	−0.354**	0.152	−0.264*
Cu 全量	0.275*	—	—
Zn 全量	—	0.250*	—
Pb 全量	—	—	0.369**

* 表示在 0.05 水平上相关;** 表示在 0.01 水平上相关。

三种土壤分别将重金属有效态含量与土壤全量、pH 值、有机质含量进行相关性分析发现(表 7-15):潮土和棕壤与上述结果相同,而褐土没有明显的相关性。

表 7-15　山东省不同农田土壤理化性质、全量与有效态相关性系数

项目	褐土			潮土			棕壤		
	Cu 有效态	Zn 有效态	Pb 有效态	Cu 有效态	Zn 有效态	Pb 有效态	Cu 有效态	Zn 有效态	Pb 有效态
pH 值	−0.158	−0.210	0.006	−0.555*	0.040	−0.048	−0.180	−0.296*	0.615**
有机质	−0.102	0.184	0.059	0.619*	0.454*	0.561*	0.328*	0.075	−0.584**
Cu 全量	0.188	—	—	0.339*	—	—	0.251*	—	—
Zn 全量	—	0.107	—	—	0.311*	—	—	0.254*	—
Pb 全量	—	—	0.107	—	—	0.424**	—	—	0.234

* 表示在 0.05 水平上相关;** 表示在 0.01 水平上相关。

7.6　1989~2009 年山东省土壤重金属全量积累速率

积累速率(k)用来表征重金属元素在土壤中绝对变化速率,年变化率为土壤中重金属相对变化速率,用来比较不同重金属元素的变化速率。由表 7-16 可以看出,3 种土壤积累速率(k)均为:Pb>Zn>Cu>Cd,除棕壤中 Cu 外,Cu、Zn、

Pb、Cd 的积累速率（k）均为：褐土≈潮土＞棕壤。说明重金属在褐土和潮土中的积累速率大于棕壤。在褐土中年变化率：Pb＞Cd＞Zn＞Cu，潮土中 Pb＞Cu≈Cd＞Zn，棕壤中 Pb≈Cu＞Zn＞Cd。不论绝对变化速率和相对变化速率，褐土中 Pb 变化最大。虽然 Cd 的积累速率很低，但由于其原始含量（C_0）较低，年变化速率仅次于 Pb，高于 Cu、Zn，应引起足够的重视。

表 7-16　　　山东省农田耕层土壤中重金属全量积累速率（mg·kg⁻¹·a⁻¹）

土壤类型	Cu		Zn		Pb		Cd	
	积累速率	年变化率/%	积累速率	年变化率/%	积累速率	年变化率/%	积累速率	年变化率/%
褐土	1.96	8.32	3.93	6.10	5.39	24.05	0.012	14.75
潮土	1.99	8.77	3.88	6.06	5.74	22.09	0.008	8.13
棕壤	2.54	11.09	1.41	2.43	3.44	11.39	0.001	1.55

　　近 20 年山东省土壤 Cu、Zn、Pb 的积累速率和年变化速率明显高于 20 世纪 70~80 年代太湖地区水稻土，Cd 的积累速率和年变化率远远低于太湖地区水稻土（李恋卿等，2002）。土壤重金属积累速率与重金属的输入、输出有关，工业、农业、交通污染等是主要输入途径。输出的途径有淋失、径流、植物吸收等，主要取决于土壤理化性质、土地利用状况、农田耕作措施、环境条件等。太湖地区水稻土 pH 较低，雨水充沛、复种指数高等因素，可能使土壤重金属输出量较山东旱地土壤大。因此，土壤中 Cu、Zn、Pb 积累速率和年变化率低于山东农田土壤。而太湖地区水稻土 Cd 的积累速率和年变化率高于山东农田土壤，可能是因该地区的大气沉降的输送。

7.7　结　　论

　　①全省 60 个农田土壤样点，褐土中 8% 的样点 Cu 全量在土壤背景值范围内，潮土和棕壤中均超出土壤背景值范围；褐土中 8.00%、潮土中 50.00%、棕壤中 63.16% 的样点 Zn 全量在土壤背景值范围内；褐土中 8% 的样点 Pb 全量在土壤背景值范围内，潮土、棕壤全部样点均超出土壤背景值范围；褐土和潮土中各有 4.00% 的样点 Cd 全量在土壤背景值范围内，棕壤全部样点在土壤背景值范围内。

　　②60 个样点中位于曲阜市防山、宁阳县、济阳县、文登市、海阳市、枣庄市山亭区的 6 个样点 Cu 全量超过了土壤环境质量二级标准，占调查样点 10.00%；位于平度市云山镇的 1 个样点的 Zn 全量超过了土壤二级标准，占调查样点 1.67%；位于曲阜市防山、苍山县 2 个样点的 Pb 全量值超过了土壤二级标准，占调查样点 3.33%；Cd 的全量均低于土壤二级标准。

③山东省土壤重金属综合污染指数为 0.1051~1.4742。在调查的 60 个采样点中有 10%样点属于轻度污染，90%样点土壤环境质量状况良好。综合污染指数最大值出现在曲阜境内，枣庄市山亭区、宁阳县、曲阜市防山、苍山县、济阳县、文登市均出现 $P_{综}>1$ 的样点。

④山东省近 20 年来土壤重金属其中 Pb 元素变化幅度最大，尤其是在褐土中，近 20 年全量增加了 5.81 倍，Cd 元素在棕壤中变化幅度最小，20 年增加了 1.33 倍；4 种重金属元素在三种土壤中变化幅度最大的是褐土，其次是潮土，变化幅度最小的是棕壤。

⑤1989~2009 年以来，山东省土壤 Cu 有效态数值略有升高。褐土、潮土、棕壤中 Zn 的有效态数值增加了数十倍，其增长幅度巨大。有效态是植物可利用态，应更加关注。土壤 Cu 的有效性指数降低，Zn 有效性指数则大幅增加。

⑥潮土、棕壤中有效态重金属含量与重金属全量、有机质含量呈显著地正相关，与土壤 pH 呈显著负相关，褐土中相关性不显著。

⑦山东省土壤重金属积累速率，褐土≈潮土＞棕壤。Cu、Zn、Pb 的积累速率和年变化速率明显高于 20 世纪 70、80 年代太湖地区水稻土，Cd 的积累速率和年变化率远远低于太湖地区水稻土。

8　山东省土壤重金属环境容量研究

8.1　山东省主要土壤类型重金属环境容量

山东省土壤类型有棕壤、褐土、潮土、盐土、砂浆黑土等，分别占全省土壤总面积的 30.66％、18.16％、41.10％、3.10％、6.59％，前三种土壤为山东省主要土壤类型，约占全省土壤总面积的 90％。土壤的主要理化性质见表 2-3。为了解土壤环境的承载力，有必要对土壤重金属环境容量作相关的研究。本章依据第 6 章的重金属迁移系数，选用合适的土壤环境容量模型，计算了山东省主要土壤类型重金属元素的环境容量，可以为山东省土壤环境质量评价和污染物总量控制，加强环境科学管理，保护生态环境平衡，提高农田土壤生产力水平，保障人体健康提供技术支持和科学依据。

8.1.1　主要土壤类型重金属元素的环境背景值和临界值

(1) 主要土壤类型中 Cu、Zn、Pb、Cd 的背景值

土壤元素背景值是指土壤中已经容纳的元素量值，其数值的大小，影响着土壤将能容纳元素的量。土壤中重金属元素的背景值采用山东省土壤环境背景值的调查研究成果，得到山东省主要土壤类型表层（0~20cm）Cu、Zn、Pb、Cd 的平均背景值（表 8-1）。

表 8-1　山东省主要类型土壤的环境背景值（mg·kg⁻¹）

土壤类型	Cu	Zn	Pb	Cd
褐土	23.58±1.29	64.49±1.26	22.41±6.24	0.0813±0.0214
潮土	22.70±1.32	64.03±1.27	25.98±1.22	0.0985±0.0376
棕壤	22.94±9.10	57.80±27.04	30.22±16.33	0.0607±1.0301

(2) 主要土壤类型中 Cu、Zn、Pb、Cd 的临界值

土壤中重金属的临界值是指土壤所能容纳污染物的最大负荷量，是土壤环境容量研究的一个重要方面。由于各地土壤组成差异较大，要给土壤环境制定统一的标准或允许限值是较困难的（廖金凤，1999）。根据 Cu、Zn、Pb、Cd 的生物地球化学特性和对生物的毒性，参考我国《土壤环境质量标准》（GB15618—1995）中的二级标准，《农产品安全质量　无公害蔬菜产地环境要求》（GB/T

18407.1—2001），确定出土壤中 Cu、Zn、Pb、Cd 全量的允许限值（表 8-2）。

表 8-2　山东省主要土壤类型的临界值（mg·kg^{-1}）

土壤类型	Cu	Zn	Pb	Cd
褐土	100	250	300	0.6
潮土	100	300	350	1.0
棕壤	50	200	250	0.3

8.1.2　主要土壤类型重金属静态环境容量

土壤环境容量主要应用于控制农田污染，预测较长时间内农田污染趋势，因此，根据土壤中 Cu、Zn、Pb、Cd 的背景值及其允许含量，分别以 10a、20a、50a 和 100a 为控制年限，采用式（4-1）计算出山东省主要土壤类型中上述元素的静态环境容量（表 8-3）。

表 8-3　山东省主要土壤类型重金属静态环境容量（kg·hm^{-2}·a^{-1}）

土壤类型	年限/a	Cu	Zn	Pb	Cd
褐土	10	17.3	41.7	62.5	0.117
	20	8.65	20.85	31.25	0.0585
	50	3.45	8.35	12.49	0.0233
	100	1.73	4.17	6.25	0.0117
潮土	10	17.4	53.1	72.9	0.203
	20	8.7	26.55	36.45	0.1015
	50	3.48	10.62	14.58	0.0406
	100	1.74	5.31	7.29	0.0203
棕壤	10	6.1	32	49.5	0.054
	20	3.05	16	24.75	0.027
	50	1.22	6.40	9.89	0.0108
	100	0.61	3.20	4.95	0.0054

由表 8-3 可知，重金属 Cu、Zn、Pb、Cd 在不同类型土壤中的静态容量排序均为：潮土＞褐土＞棕壤。这与潮土具有较高的 pH 值有关。同前面章节的吸收系数、有效性指数、淋溶总量的研究结论一致。潮土的 Cu、Zn、Pb、Cd 的静态环境容量最大，以 50 年为年限，分别为 3.48 kg·hm^{-2}·a^{-1}、10.62 kg·hm^{-2}·a^{-1}、14.58 kg·hm^{-2}·a^{-1}、0.0406 kg·hm^{-2}·a^{-1}。

8.1.3　主要土壤类型重金属动态环境容量

根据土壤中 Cu、Zn、Pb、Cd 的背景值、允许含量以及残留率 K 值，分别以

10a、20a、50a 和 100a 为控制年限，采用式（4-3）计算出山东省主要类型土壤中上述元素的动态环境容量（表 8-4）。

表 8-4　山东省主要土壤类型重金属的动态环境容量（kg·hm^{-2}·a^{-1}）

土壤类型	年限/a	Cu	Zn	Pb	Cd
褐土	10	22.440	69.614	75.370	0.325
	20	13.860	49.587	44.155	0.288
	50	9.079	40.438	26.560	0.282
	100	7.951	39.447	22.191	0.281
潮土	10	19.880	72.447	79.710	0.451
	20	11.151	46.109	43.121	0.373
	50	6.008	31.963	21.468	0.355
	100	4.440	29.110	14.725	0.354
棕壤	10	8.714	64.406	60.562	0.162
	20	5.670	49.855	35.848	0.144
	50	3.946	44.441	21.918	0.142
	100	3.509	44.150	18.459	0.141

　　由表 8-4 可见，每种土壤不同年限下的平均动态年容量，10a＞20a＞50a＞100a。同一种重金属在不同土壤类型中的动态环境容量排序为：Cu：褐土＞潮土＞棕壤；Cd：潮土＞褐土＞棕壤；Zn 在控制年限 10a 时为：潮土＞褐土＞棕壤，控制年限 20a、50a、100a 时为：棕壤＞褐土＞潮土；Pb 在控制年限 10a 时为：潮土＞褐土＞棕壤，控制年限 20a 时为：褐土＞潮土＞棕壤，控制年限 50a、100a 时为：褐土＞棕壤＞潮土。Zn、Pb 在不同控制年限、不同土壤类型中的动态环境容量排序不同，是由于在较短控制年限内动态环境容量受土壤中重金属的背景值和允许限值影响较大，而较长年限内受土壤中重金属残留率影响较大的原因。除重金属 Cd 外，同一种重金属在不同土壤类型中的动态环境容量排序与静态环境容量排序不同，主要是由于各种重金属在不同土壤类型中的残留率（K）不同，土壤中重金属残留率大，对应土壤动态环境容量小，反之，对应土壤动态环境容量大。

　　动态环境容量与静态环境容量相比，不同土壤类型的平均动态年容量比土壤的静态年容量大，说明不同类型的土壤不仅在土壤环境允许限值范围内具有一定的容纳量，而且还因土壤自身的自净作用以及土壤污染物的输出而具有一定的容量，土壤环境对污染物具有容纳和一定的调节能力。

8.1.4　小结

　　①山东省主要类型土壤中重金属 Cu、Zn、Pb、Cd 的平均动态年容量比平均静态年容量大，说明土壤不仅在环境临界值范围内具有一定的容纳量，而且还因

为土壤中重金属通过植物吸收、向下层渗漏和径流迁移及土壤的自净作用而具有一定的容纳量。

②土壤静态年容量和动态年容量与土壤的环境质量标准和背景值有关。其中，动态年容量还与控制年限有关，年限越长，平均动态年容量越小，但是动态总容量越大。

8.2　山东省农田土壤重金属环境容量计算

土壤环境容量把土壤环境容纳的能力与污染源允许排放的量直接联系起来，它的研究及其开发利用，将有利于环境的治理（夏增禄，1992）。由于土壤静态模型简单，计算方便，许多研究者在研究某区域重金属的环境容量时常采用此方法。但是，该方法获得的是土壤单一重金属元素环境容量，而对于某区域土壤环境容量而言，往往需要综合考虑 Cu、Zn、Pb、Cd 等多种元素的综合容量，而又不能简单地将各元素环境容量叠加。因此，有学者引入了相对环境容量的概念，即根据选定的容量标准 C_s 和元素分布值 C_i，可以计算出该元素的相对容量，再以各元素的相对环境容量值，算出综合相对环境容量值，这样可以综合考虑多种元素综合容量。于磊等（2007）在研究黑龙江省黑土区相对环境容量的空间分异特征时，就采用了此方法，并根据综合相对容量值，将土壤容量分为低容量区、中容量区、高容量区、超载区 4 个级别。若与 GIS 技术结合，可直观反映区域土壤容量状况。

本节对第 7 章获得的 60 个样点的重金属全量数据，利用土壤静态环境容量计算模型，研究山东省农田土壤各重金属元素静态容量，根据农田土壤重金属相对容量和综合相对容量，对山东省农田土壤重金属容量进行分级，从而为山东省土壤污染控制和土壤环境管理提供科学依据。

8.2.1　农田土壤重金属的限定值

由于各地土壤组成差异较大，要给土壤环境制定统一的标准或允许限值是较困难的。本节以国家土壤环境质量标准（GB15618—1995）中的二级标准为依据，根据山东省主要土壤类型潮土、褐土、棕壤的 pH 值分别为 4.7~7.55、7.6~8.25、5.6~7.9，确定了山东省三种主要土壤类型 Cu、Zn、Pb、Cd 的限定值 S_i（表 8-5）。

表 8-5　山东省农田主要土壤类型重金属限定值（mg·kg⁻¹）

土壤类型	Cu	Zn	Pb	Cd
潮土	100	300	350	0.60
褐土	100	300	350	0.60
棕壤	100	250	300	0.60

8.2.2　农田土壤重金属静态环境容量

采用土壤静态容量计算模型式（4-1）计算山东省农田土壤重金属静态环境容量。

土壤静态环境容量实际上是由土壤临界含量换算得出，因为土壤环境容量就数值而言，很大程度上决定于土壤临界含量。因此，根据测定的土壤中重金属元素的现状值及其前面确定的临界含量，计算出山东省主要土壤类型中 Cu、Zn、Pb、Cd 的静态环境容量（表 8-6）。

表 8-6　山东省农田主要土壤类型中重金属静态环境容量（kg·hm^{-2}）

土壤类型	统计项目	Cu	Zn	Pb	Cd
褐土	平均值	99.86 ± 49.87	352.98 ± 199.02	528.21 ± 202.75	0.63 ± 0.22
	变异系数	0.50	0.56	0.38	0.35
潮土	平均值	93.40 ± 41.73	329.89 ± 248.81	449.49 ± 184.70	0.75 ± 0.19
	变异系数	0.45	0.75	0.41	0.25
棕壤	平均值	63.79 ± 44.14	348.07 ± 144.64	452.14 ± 122.06	1.17 ± 0.12
	变异系数	0.69	0.42	0.27	0.10

由表 8-6 可见，山东省三种土壤中各种重金属元素的静态环境容量排序均为：Pb>Zn>Cu>Cd。褐土中的 Pb 静态环境容量最大，达到了 528.21 kg·hm^{-2}。Cu元素在三种土壤中静态环境容量排序为：褐土>潮土>棕壤；Zn 元素在三种土壤中静态环境容量排序为：褐土>棕壤>潮土；Pb 元素在三种土壤中静态环境容量排序为：褐土>棕壤>潮土；Cd 元素在三种土壤中静态环境容量排序为：棕壤>潮土>褐土。虽然 Cu、Zn、Pb、Cd 在三种土壤中静态环境容量排序并不一致，但除 Cd 元素外，褐土的环境容量最大。在三种土壤中 Cd 的变异最小，其次是 Pb，Cu 和 Zn 的变异系数最大。由于研究对象是基本不受工业污染影响的山东省基本农田，所以说 Cu 和 Zn 两种元素受农业生产影响较大，Pb、Cd 两元素受农业生产影响较小。

8.2.3　农田土壤重金属相对环境容量

采用土壤相对环境容量计算模型式（4-7）和式（4-8）计算山东省农田土壤重金属相对环境容量。

(1) Cu 相对环境容量空间分异

参考于磊等（2007）的研究结果，不考虑其他元素的影响，得到 Cu 元素的相对环境容量空间分布特征（图 8-1、图 8-2）。从图 8-2 中可见，Cu 元素的相对环境容量值有 10%属于超载区（$R_{ci}<0$），有 50%属于低容量区（$0\leqslant R_{ci}<0.45$），不足 40%处于中容量区（$0.45\leqslant R_{ci}<0.75$）。低容量区主要分布于山东省西部，东部主要属于中、低容量区。山东省 Cu 元素的相对环境容量并不是很高，高容量区较少，仅有 1 个，位于宁阳县，大部分地区属于中容量区以下。说明局部 Cu 元素排放量过大，污染比较严重。与发达的东北部相比，鲁西南 Cu 元素的相对环境容量更高些，东北部地区较多属于低容量区，造成这种现象的原因是与其发达的工业相关联的。

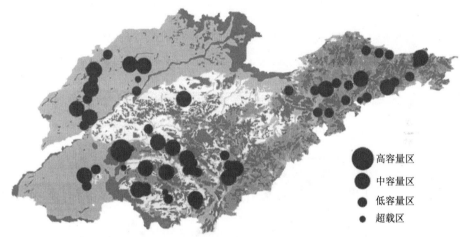

图 8-1　山东省农田土壤 Cu 相对环境容量空间分异

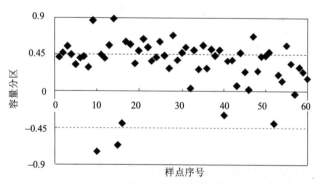

图 8-2　山东省农田土壤 Cu 相对环境容量散点图

(2) Zn 相对环境容量空间分异

从 Zn 元素的相对环境容量空间分布特征图（图 8-3、图 8-4）来看，山东省 Zn 元素的相对环境容量还是比较高的，中等环境容量以上的占 2/3，超载区仅有

1 个，位于枣庄市山亭区。西南部出现低容量区较多，这与 Zn 的主要来源有关，西南部土地利用多以耕种为主，施用农用化学品，农用污泥等都是土壤 Zn 的主要来源。另一方面，Zn 的高容量区样点占近 1/3。

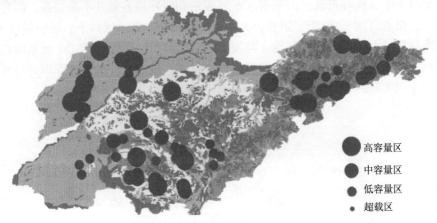

图 8-3 山东省农田土壤 Zn 相对环境容量空间分异

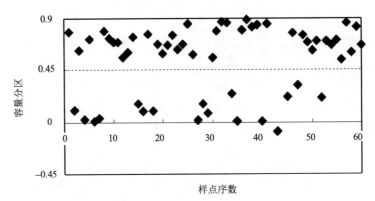

图 8-4 山东省农田土壤 Zn 相对环境容量散点图

(3) Pb 相对环境容量空间分异

从 Pb 元素的相对环境容量空间分布特征图（图 8-5、图 8-6）来看，山东省 Pb 元素的相对环境容量是比较高的，有 2/3 都属于中、高容量区，仅有 6 个样点属于低容量区，超载区有 2 个。造成 Pb 元素环境容量空间分异的原因主要是元素背景分异，因为该研究区 Pb 环境容量高的地方基本上也是 Pb 元素自然背景值比较低的地方。但是人类活动影响也是不可忽视的。

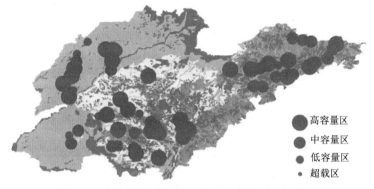

图 8-5　山东省农田土壤 Pb 相对环境容量空间分异

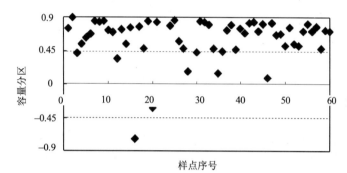

图 8-6　山东省农田土壤 Pb 相对环境容量散点图

(4) Cd 相对环境容量空间分异

　　Cd 是唯一一种东北和西南相对环境容量分布特征差异不大的重金属,按照上面的等级划分,从 Cd 元素的相对环境容量空间分异特征图(图 8-7、图 8-8)来看,Cd 元素全部属于中容量区或者高容量区,总体来说相对环境容量值还是比较大。高容量区主要分布于东北部,因为东北部以背景值较低的棕壤居多。

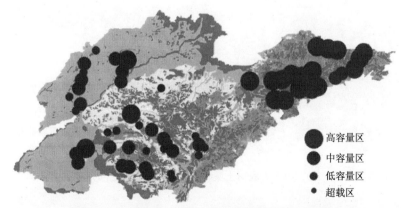

图 8-7　山东省农田土壤 Cd 相对环境容量空间分异

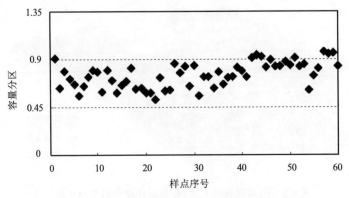

图 8-8　山东省农田土壤 Cd 相对环境容量散点图

(5) 土壤重金属综合相对环境容量空间分异

从 Cu、Zn、Pb、Cd 四种重金属元素的综合相对环境容量空间分布特征图（图 8-9、图 8-10）来看，山东省土壤重金属综合相对环境容量值还不是很高，有半数属于中容量区，低容量区占据 1/3 以上，高容量区仅 3 个，分别位于枣庄市山亭区、青岛的平度市和青岛的莱西市，超载区 1 个，位于曲阜境内。该超载区附近样点均属于中容量区，说明很有可能该超载区内或者附近有排放 Cu、Zn、Pb、Cd 四种重金属中一种或多种的大型工厂之类的污染源存在，造成局部污染。造成综合相对环境容量空间分异的主要原因是元素的自然背景分异，同时也存在人为因素的影响，自然背景分异不可改变，只有确保各重金属元素的排放有所节制，才能促进各个区域向高容量区发展。

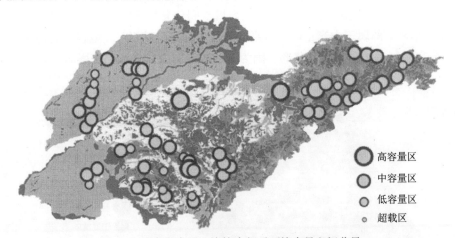

图 8-9　山东省农田土壤综合相对环境容量空间分异

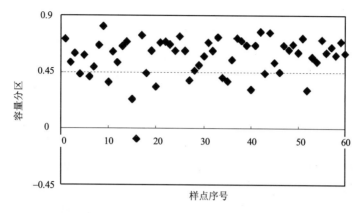

图 8-10 山东省农田土壤综合相对环境容量散点图

8.2.4 小结

①山东省三种土壤中各种重金属元素的静态环境容量排序均为：Pb＞Zn＞Cu＞Cd。褐土中的 Pb 静态环境容量最大，达到了 528.21 kg·hm^{-2}。

②山东省农田土壤 Cu 元素的相对环境容量并不是很高，高容量区较少，Zn元素的相对环境容量比较高，中等环境容量以上的占 2/3，Pb 元素的相对环境容量比较高，有 2/3 都属于中、高容量区，Cd 元素全部属于中容量区或者高容量区，总体来说相对环境容量值还是比较大。

③山东省农田土壤重金属综合相对环境容量值还不是很高，有半数属于中容量区，低容量区占 1/3 以上，高容量区仅 3 个，分别位于枣庄市山亭区、青岛的平度市和青岛的莱西市，超载区 1 个，位于曲阜境内。

8.3 山东省不同植被类型土壤重金属环境容量计算

山东省有现代植物 186 科，近 3000 种（山东省环境保护科学研究所，1990），植物种类、数量与分布等因自然条件不同差异较大，其典型土壤上的植被类型主要有针叶林、阔叶林、针阔混交林、草地、灌丛、沼泽湿生植物和农作物等。植物的重金属耐性通常因植物种类和重金属元素种类的不同而异，主要通过金属排斥（metal exclusion）和金属积累（metal accumulation）两条基本途径实现（李硕，2006）。土壤重金属环境容量是指一定单元、一定时限内，遵循环境质量标准，既保证农产品产量与质量，也不使环境受污染时，土壤所能容纳的重金属污染物的最大负荷量（国家环境保护局，1993）。由于不同的植被类型对重金属吸收、转运以及耐受能力不同（李硕，2006），所以生长不同植被类型的土壤重金属环境容量也不相同。研究不同植被类型土壤的重金属环境容量，对合理利用和开发不同植被类型土壤的自净能力，防止土壤污染等具有一定的理论意义和现实意义。

本节根据山东省植被特点，将植被分为农作物、乔木林、灌丛、草地、沼泽湿生植物五种主要类型，研究不同植被类型的土壤重金属环境容量，为土壤重金属污染总量控制及其污染防治提供科学依据。

8.3.1　不同植被类型土壤中重金属的背景值和允许限值

土壤环境容量的研究主要包括土壤环境背景值、允许限值、典型污染物迁移自净能力、数学模型等方面的研究。其中，土壤环境容量的确定又以背景值和土壤污染物允许限值的确定最为关键（熊先哲等，1998；土壤环境容量研究组，1986）。

(1) 不同植被类型土壤中 Cu、Zn、Pb、Cd 的背景值

土壤中元素背景值是指土壤中已经容纳的元素量值，其数值的大小，影响着土壤将能容纳元素的量。山东省土壤类型主要包括潮土、褐土、棕壤和盐土 4 种，主要呈中性和弱碱性，80% 以上的土壤 pH 值为 6.5~8.5（山东省土壤肥料工作站，1994），生长山东省各植被类型的主要土壤类型为潮土、褐土、棕壤和盐土。据山东省土壤环境背景值的调查研究（山东省环境保护科学研究所，1990），得到山东省不同植被类型土壤表层（0~20cm）Cu、Zn、Pb、Cd 的平均背景值（表 8-7）。

表 8-7　山东省不同植被类型土壤环境背景值（mg·kg^{-1}）

重金属	农作物	乔木林	灌丛	草地	沼泽湿生植物
Cu	22.75±7.20	17.58±8.73	25.12±1.71	27.69±1.05	24.20±1.43
Zn	61.83±18.84	58.93±1.34	57.48±1.37	44.87±2.20	57.56±1.56
Pb	23.99*	28.77±9.84	21.56±2.31	24.32±1.52	18.14±1.59
Cd	0.0769±1.58	0.060±1.59	0.0444±1.71	0.1123±1.21	0.1031±1.41

* 表示缺少该元素的标准差。

结果表明：不同植被类型土壤中各重金属元素的背景值各异：Cu：草地＞灌丛＞沼泽湿生植物＞农作物＞乔木林；Zn：农作物＞乔木林＞沼泽湿生植物＞灌丛＞草地；Pb：乔木林＞草地＞农作物＞灌丛＞沼泽湿生植物；Cd：草地＞沼泽湿生植物＞农作物＞乔木林＞灌丛。在同一种植被类型中，Zn 的背景值较高，最高达 61.83 mg·kg^{-1}，而 Cd 的背景值较低，最低为 0.0444 mg·kg^{-1}。

(2) 不同植被类型土壤中 Cu、Zn、Pb、Cd 的允许限值

由于各地土壤组成差异较大，土壤上长期生长的植被类型各异，不同植物吸收土壤中元素的性能也不同，要给土壤环境制定统一的标准或允许限值是较困难的（廖金凤，1999），这里根据 Cu、Zn、Pb、Cd 的生物地球化学特性和对生物的

毒性，以山东省土壤 pH 值范围为 6.5~8.5，参考我国土壤环境质量标准（GB15618—1995）中的二级标准，其中农作物由于人类食用的关系，还特别考虑了《农产品安全质量 无公害蔬菜产地环境要求》（GB/T 18407.1—2001），确定出土壤中 Cu、Zn、Pb、Cd 全量的允许限值（表 8-8）。

表 8-8 山东省不同植被类型土壤重金属的临界值（mg·kg^{-1}）

重金属	农作物	乔木林	灌丛	草地	沼泽湿生植物
Cu	50	150	150	150	150
Zn	200	250	250	250	250
Pb	150	300	300	300	300
Cd	0.3	0.6	0.6	0.6	0.6

8.3.2 不同植被类型土壤中重金属静态环境容量

根据土壤中 Cu、Zn、Pb、Cd 的背景值及其允许含量，分别以 50a 和 100a 为控制年限，采用土壤静态容量计算模型式（4-1），计算山东省不同植被类型土壤中重金属静态环境容量，见表 8-9。

表 8-9 山东省不同植被类型土壤重金属静态环境容量（kg·hm^{-2}·a^{-1}）

重金属	年限/a	农作物	乔木林	灌丛	草地	沼泽湿生植物
Cu	50	1.23	5.96	5.62	5.50	5.66
	100	0.61	2.98	2.81	2.75	2.83
Zn	50	6.22	8.60	8.66	9.23	8.66
	100	3.11	4.30	4.33	4.62	4.33
Pb	50	5.67	12.21	12.53	12.41	12.68
	100	2.84	6.10	6.26	6.20	6.35
Cd	50	0.010	0.025	0.025	0.022	0.022
	100	0.005	0.013	0.013	0.011	0.011

由表 8-9 可见，同一种重金属在不同植被类型土壤中的静态容量排序为：Cu：乔木林>沼泽湿生植物>灌丛>草地>农作物；Zn：草地>灌丛=沼泽湿生植物>乔木林>农作物；Pb：沼泽湿生植物>灌丛>草地>乔木林>农作物；Cd：乔木林=灌丛>沼泽湿生植物=草地>农作物。其中，农作物的 Cu、Zn、Pb、Cd 的静态环境容量最小，以 100a 为年限，分别为 0.61 kg·hm^{-2}·a^{-1}、3.11 kg·hm^{-2}·a^{-1}、2.84 kg·hm^{-2}·a^{-1}、0.005 kg·hm^{-2}·a^{-1}。

8.3.3 不同植被类型土壤中重金属动态环境容量

重金属在土壤中的迁移主要包括植物吸收、地表径流和地下渗漏等，据研究，重金属在土壤中的迁移比较困难，残留率一般为 90% 左右（国家环境保护局开发监督司，1992），由于缺乏山东省不同植被类型土壤残留率的相关实验数据，在计算中，近似假定 Cu、Zn、Pb、Cd 在不同植被类型土壤中的残留率 K=0.9。根据土壤中 Cu、Zn、Pb、Cd 的背景值、允许含量以及残留率 K 值，采用土壤动态容量计算模型式（4-3），计算山东省不同植被类型土壤中重金属动态环境容量，见表 8-10。

表 8-10　山东省不同植被类型土壤重金属动态环境容量（$kg \cdot hm^{-2} \cdot a^{-1}$）

重金属	年限/a	农作物	乔木林	灌丛	草地	沼泽湿生植物
Cu	50	12.54	37.67	37.66	37.66	37.66
	100	12.50	37.50	37.50	37.50	37.50
Zn	50	50.18	62.75	62.77	62.77	62.75
	100	50.00	62.50	62.50	62.50	62.50
Pb	50	37.66	75.35	75.36	75.36	75.37
	100	37.50	75.00	75.00	75.00	75.00
Cd	50	0.075	0.151	0.151	0.151	0.151
	100	0.075	0.150	0.150	0.150	0.150

由表 8-10 可见，同一种重金属在不同植被类型土壤中的动态环境容量排序与静态环境容量的排序相同，农作物 Cu、Zn、Pb、Cd 的动态环境容量最小，以 100a 为年限，分别为 12.50 $kg \cdot hm^{-2} \cdot a^{-1}$、50.00 $kg \cdot hm^{-2} \cdot a^{-1}$、37.50 $kg \cdot hm^{-2} \cdot a^{-1}$、0.075 $kg \cdot hm^{-2} \cdot a^{-1}$。同一种植被类型土壤中的同一种重金属在不同年限下的年平均动态环境容量差别并不是很大，这主要是由于不同年限下的年平均动态环境容量数据较大的原因。

动态环境容量与静态环境容量相比，不同植被类型土壤的平均动态年环境容量是土壤的静态年环境容量的 7~20 倍，说明不同植被类型的土壤不仅在土壤环境允许限值范围内具有一定的容纳量，而且还因土壤的自净作用以及土壤污染物的外界输出而具有一定的容量，土壤环境对污染物具有容纳和一定的调节能力。

8.3.4　小结

农作物中重金属含量与人类的健康密切相关，其重金属允许限值较低，农作物土壤 Cu、Zn、Pb、Cd 的静态环境容量和动态环境容量均最小；乔木林、灌丛、草地、沼泽湿生植物的重金属允许限值较大，土壤环境容量也较大。不同植被类型土壤的平均动态年环境容量是土壤的静态年环境容量的 7~20 倍。因此在加强对进入农田重金属总量控制的同时，合理开发和利用生长乔木林、灌丛、草地、沼泽湿生植物等土壤的自净能力，进一步探讨不同植被类型的土壤纳污能力是十分必要的。

8.4　山东省典型开发区土壤重金属环境容量

二十多年以来，尤其是最近几年，山东省经济开发区产业多样化发展进入"快车道"，在引进外资、集聚产业、发展工业、扩大出口、增加税收、解决就业、推进工业化、城市化和带动新农村建设等方面发挥了积极作用，成为全省发展最快、活力最强、潜力最大、协调发展最好的经济板块。数据显示，当前山东省经济开发区数量全国第一。目前，全省共有省级以上经济开发区 161 家。2015 年，全省经济开发区实现固定资产投资、规模以上工业利税、实际利用外资、进出口、公共财政预算收入分别占全省的 52.9%、59.7%、56.3%、57.2%、43.8%。经济开发区的重要性不言而喻。近年来，项目组已对山东省 155 个经济开发区土壤重金属环境质量、土壤重金属环境容量、土壤金属环境风险及其与经济开发区的发展年限、产业结构、经济规模、污染治理的关系等方面做了详细研究。鉴于本书内容与结构的统一性，本章仅对山东省 22 个典型开发区土壤重金属环境容量作介绍。

8.4.1　典型开发区土壤重金属环境质量评价

(1) 研究方法

在山东省 22 个开发区，采用全球定位系统 GPS 精确布设代表性采样点 22 个（图 8-11），测定 Cu、Pb、Cd 重金属全量，据此进行全省典型开发区土壤重金属环境质量现状评价。土壤采样、分析和评价方法同 6.2，不复赘述。

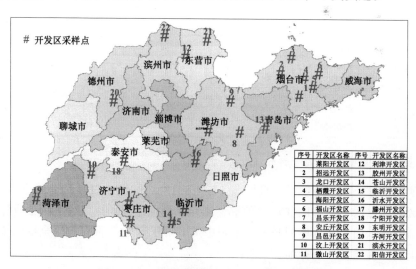

图 8-11　山东省典型开发区土壤采样点分布

(2) 土壤重金属污染全量统计

表 8-11 是山东省典型开发区土壤重金属全量的现状统计值，表中显示所测土样 pH 值的变化范围为 5.32~8.62，其中烟台市各开发区 pH 值变化跨度较大。

表 8-11　山东省典型开发区土壤重金属全量统计值

市	测点	pH 值	Cd/（mg·kg⁻¹）	Pb/（mg·kg⁻¹）	Cu/（mg·kg⁻¹）
烟台市	莱阳开发区	7.35	0.12	12.10	14.10
	招远开发区	6.70	0.14	12.40	11.20
	龙口开发区	7.56	0.14	3.75	5.30
	栖霞开发区	5.32	0.06	20.60	9.04
	海阳开发区	6.54	0.11	13.50	8.97
	福山开发区	8.34	0.55	12.10	11.50
潍坊市	昌乐开发区	7.50	0.08	35.50	11.60
	安丘开发区	7.50	0.25	0.14	0.34
	昌邑开发区	7.40	0.18	24.50	20.20
济宁市	汶上开发区	7.41	0.22	0.08	0.25
	微山开发区	8.62	0.07	0.08	36.00
东营市	利津开发区	8.51	0.08	15.50	18.80
青岛市	胶州开发区	8.22	0.19	38.00	41.20
临沂市	苍山开发区	8.23	0.07	12.80	37.80
	临沂开发区	7.28	0.05	55.40	25.70
	沂水开发区	6.67	0.09	7.78	25.50
枣庄市	滕州开发区	7.56	0.13	6.54	18.40
泰安市	宁阳开发区	7.65	0.03	11.40	23.40
菏泽市	东明开发区	7.75	0.30	14.00	10.20
德州市	齐河开发区	7.84	0.18	11.70	10.50
滨州市	滨水开发区	8.48	0.05	8.20	37.40
	阳信开发区	8.58	0.04	7.90	37.50

(3) 土壤重金属单因子评价

依据国家土壤环境质量二级标准（GB15618—1995）（表 8-12）对全省 22 个开发区采样点的 Cd、Pb、Cu 三种重金属元素利用单因子指数法进行分析评价，统计结果显示山东省各典型开发区土壤中 Cd、Pb、Cu 三种重金属全量均未超过国家土壤环境质量二级标准。

表 8-12 国家土壤环境质量标准及背景值（mg·kg⁻¹）

重金属	国家二级标准			山东省土壤背景值
pH 值	<6.5	6.5~7.5	>7.5	
Cd	0.30	0.30	0.60	0.084
Pb	250	300	350	25.80
Cu	50	100	100	24.00

依据山东省土壤重金属元素浓度背景值（表 8-12）对全省 22 个采样点的 Cd、Pb、Cu 三种重金属元素进行分析评价，结果如表 8-13。由表 8-13 可见：山东省 22 个开发区土壤中三种重金属的总体污染严重程度是 Cd>Cu>Pb，其中 Cd 污染的区域占总采样点的 59%，Pb 污染的区域占总采样点的 13.6%，Cu 污染的区域占总采样点的 31.8%。其中烟台栖霞开发区、济宁微山开发区、东营利津开发区、泰安宁阳开发区土壤 Cd、Pb、Cu 三种重金属污染现值均未超过山东省土壤重金属元素浓度背景值，土壤环境质量状况较好。青岛胶州开发区土壤 Cd、Pb、Cu 三种重金属污染现值均超过山东省土壤重金属元素浓度背景值，土壤环境质量状况较差。

表 8-13 山东省典型开发区土壤重金属单因子评价结果

市	开发区名称	P_{Cd}	P_{Pb}	P_{Cu}
烟台市	莱阳开发区	1.42	0.48	0.58
	招远开发区	1.66	0.49	0.46
	龙口开发区	1.66	0.15	0.22
	栖霞开发区	0.71	0.82	0.37
	海阳开发区	1.30	0.54	0.37
	福山开发区	6.54	0.48	0.47
潍坊市	昌乐开发区	0.95	1.42	0.48
	安丘开发区	2.97	未检出	0.01
	昌邑开发区	2.14	0.98	0.84
济宁市	汶上开发区	2.61	未检出	0.01
	微山开发区	0.83	未检出	1.50
东营市	利津开发区	0.95	0.62	0.78
青岛市	胶州开发区	2.26	1.52	1.71
临沂市	苍山开发区	0.83	0.51	1.57
	临沂开发区	0.59	2.21	1.07
	沂水开发区	1.07	0.31	1.06
枣庄市	滕州开发区	1.54	0.26	0.76
泰安市	宁阳开发区	0.35	0.45	0.97
菏泽市	东明开发区	3.57	0.56	0.42
德州市	齐河开发区	2.14	0.46	0.43
滨州市	滨水开发区	0.59	0.32	1.55
	阳信开发区	0.47	0.31	1.56

(4) 土壤重金属环境质量综合评价

采用内梅罗污染指数法对 22 个开发区采样点重金属污染现状进行综合评价，依据内梅罗污染指数法评价标准评价结果如表 8-14。由表 8-14 可见，山东省典型开发区土壤重金属综合污染指数在 0.24~5.90 之间，22 个采样点中综合污染状况为清洁（PN<0.70）的点有 2 个，占总采样点的 9%，分别是济宁汶上开发区、潍坊安丘开发区；综合污染状况为轻污染（1.0<PN≤2.0）的点有 5 个，占总采样点的 23%，分别是烟台龙口开发区、烟台栖霞开发区、烟台海阳开发区、菏泽东明开发区、德州齐河开发区；综合污染状况为中度污染（2.0<PN≤3.0）的点有 4 个，占总采样点的 18%，分别是烟台莱阳开发区、烟台招远开发区、烟台福山开发区、潍坊昌乐开发区；综合污染状况为重污染（PN>3.0）的点有 11 个，占总采样点的 50%。总体看烟台市、德州市、菏泽市土壤环境质量状况相对较好，其中开发区综合污染状况均未达到重污染等级。

表 8-14　山东省典型土壤重金属污染现状综合污染指数

市	开发区名称	综合污染指数	综合污染状况
烟台市	莱阳开发区	2.50	中度污染
	招远开发区	2.10	中度污染
	龙口开发区	1.30	轻污染
	栖霞开发区	1.86	轻污染
	海阳开发区	1.86	轻污染
	福山开发区	2.19	中度污染
潍坊市	昌乐开发区	2.20	中度污染
	安丘开发区	0.28	清洁
	昌邑开发区	3.30	重污染
济宁市	汶上开发区	0.24	清洁
	微山开发区	5.30	重污染
东营市	利津开发区	3.14	重污染
青岛市	胶州开发区	5.90	重污染
临沂市	苍山开发区	5.50	重污染
	临沂开发区	4.10	重污染
	沂水开发区	3.80	重污染
枣庄市	滕州开发区	3.00	重污染
泰安市	宁阳开发区	3.60	重污染
菏泽市	东明开发区	2.00	轻污染
德州市	齐河开发区	2.00	轻污染
滨州市	滨水开发区	5.47	重污染
	阳信开发区	5.00	重污染

8.4.2　土壤重金属静态环境容量

以国家《土壤环境质量标准》（GB15618—1995）（表 8-12）中的二级标准为依据，根据山东省典型开发区 pH 值，确定了开发区三种重金属元素 Cd、Pb、Cu 的临界值 S_i，如表 8-15。

表 8-15　山东省典型开发区重金属的限制值（mg·kg⁻¹）

pH 值	Cu	Pb	Cd
<6.5	50	250	0.30
6.7~7.5	100	300	0.30
>7.5	100	350	0.60

土壤静态容量实际上是由土壤临界含量换算得出，而依据国家土壤质量二级标准，以不同 pH 值条件下 Cd、Pb、Cu 的二级标准作为临界值（表 8-15）计算。采用土壤静态环境容量计算模型式（4-1），根据测定的土壤中重金属元素 Cd、Pb、Cu 的现状值及其临界值计算出山东省主要开发区土壤中 Cd、Pb、Cu 的静态环境容量，见表 8-16。

表 8-16　山东省典型开发区土壤中重金属静态环境容量（kg·ha⁻²）

市	开发区名称	Q_{Cd}	Q_{Pb}	Q_{Cu}
烟台市	莱阳开发区	0.11	68.67	20.49
	招远开发区	0.04	68.59	21.19
	龙口开发区	0.11	82.58	22.59
	栖霞开发区	0.06	54.71	9.77
	海阳开发区	0.04	68.33	21.71
	福山开发区	0.01	80.59	21.21
潍坊市	昌乐开发区	0.05	63.08	21.08
	安丘开发区	0.01	71.52	23.77
	昌邑开发区	0.03	65.71	19.04
济宁市	汶上开发区	0.02	71.53	23.79
	微山开发区	0.13	83.46	15.26
东营市	利津开发区	0.12	79.78	19.37
青岛市	胶州开发区	0.10	74.41	14.02
临沂市	苍山开发区	0.13	80.42	14.83
	临沂开发区	0.06	58.33	11.71
	沂水开发区	0.05	69.69	11.77
枣庄市	滕州开发区	0.11	81.92	19.45
泰安市	宁阳开发区	0.14	80.75	18.26
菏泽市	东明开发区	0.07	80.12	21.47
德州市	齐河开发区	0.10	80.68	21.35
滨州市	滨水开发区	0.13	81.52	14.93
	阳信开发区	0.13	81.66	14.95

由表 8-16 可见，山东省典型开发区土壤中 Cd 的静态环境容量范围为 0.01~0.14kg·ha⁻²，Pb 的静态环境容量范围为 54.71~83.46 kg·ha⁻²，Cu 的静态环境容量范围为 9.77~23.79 kg·ha⁻²。采样点土壤中 Cd、Pb、Cu 三种重金属元素的静态环境容量大小排序均为：Pb＞Cu＞Cd。Cd 的静态环境容量最大的开发区为泰安宁阳开发区，Cd 的静态环境容量最小的开发区为烟台福山开发区、潍坊安丘开发区；Pb 的静态环境容量最大的开发区为济宁微山开发区，静态环境容量最小的开发区为烟台栖霞开发区。Cu 的静态环境容量最大的开发区为济宁汶上开发区，静态环境容量最小的开发区为烟台栖霞开发区。

8.4.3 土壤重金属相对环境容量及综合相对环境容量分级

采用土壤相对环境容量计算模型式（4-8）和式（4-9），计算山东省典型开发区土壤各种重金属相对环境容量及综合相对环境容量值，并进行等级划分，见表8-17。

表 8-17　山东省典型开发区土壤中重金属相对环境容量及等级划分

市	开发区名称	R_{Cd}	R_{Pb}	R_{Cu}	R_C	综合环境容量分级
烟台市	莱阳开发区	0.60	0.96	0.86	0.81	高容量区
	招远开发区	0.53	0.96	0.89	0.79	高容量区
	龙口开发区	0.76	0.99	0.94	0.89	高容量区
	栖霞开发区	0.80	0.91	0.82	0.84	高容量区
	海阳开发区	0.63	0.95	0.91	0.83	高容量区
	福山开发区	0.08	0.96	0.78	0.61	中容量区
潍坊市	昌乐开发区	0.75	0.88	0.89	0.84	高容量区
	安丘开发区	0.16	0.99	0.99	0.71	中容量区
	昌邑开发区	0.40	0.91	0.79	0.70	中容量区
济宁市	汶上开发区	0.26	0.99	0.99	0.74	中容量区
	微山开发区	0.89	0.99	0.64	0.84	高容量区
东营市	利津开发区	0.86	0.95	0.82	0.87	高容量区
青岛市	胶州开发区	0.69	0.89	0.59	0.72	中容量区
临沂市	苍山开发区	0.88	0.96	0.67	0.83	高容量区
	临沂开发区	0.83	0.81	0.24	0.62	中容量区
	沂水开发区	0.68	0.97	0.75	0.80	高容量区
枣庄市	滕州开发区	0.78	0.98	0.76	0.84	高容量区
泰安市	宁阳开发区	0.95	0.96	0.76	0.89	高容量区
菏泽市	东明开发区	0.50	0.96	0.90	0.78	高容量区
德州市	齐河开发区	0.70	0.96	0.89	0.85	高容量区
滨州市	滨水开发区	0.92	0.97	0.63	0.84	高容量区
	阳信开发区	0.94	0.97	0.63	0.84	高容量区

(1) 土壤重金属相对环境容量

由表 8-17 可见，山东省典型开发区土壤 Cd、Pb、Cu 三种元素的相对环境容量均分布于低容量区、中容量区、高容量区。Cd 相对环境容量指数 R_{Cd} 在 0.16~0.94 范围内，其中属低容量区（$0 \leqslant R_{ci} < 0.45$）的开发区有 4 个，占总采样点的 18%；中容量区（$0.45 \leqslant R_{ci} < 0.75$）的开发区有 7 个，占总采样点的 32%；高容量区（$R_{ci} \geqslant 0.75$）的开发区有 11 个，占总采样点的 50%。Cd 相对环境容量最大的开发区为宁阳开发区。Pb 相对环境容量均属高容量区（$R_{ci} \geqslant 0.75$）；Cu 相对环境容量指数 R_{Cu} 在 0.24~0.99 范围内，其中属低容量区（$0 \leqslant R_{ci} < 0.45$）的开发区有 1 个，占总采样点的 4%；中容量区（$0.45 \leqslant R_{ci} < 0.75$）的开发区有 5 个，占总采样点的 23%；高容量区（$R_{ci} \geqslant 0.75$）的开发区有 16 个，占总采样点的 73%，Cu 相对环境容量最大的开发区是安丘开发区和汶上开发区。综上 Cd、Pb、Cu 三种元素的等级划分中低容量区、中容量区、高容量区所占比例看出，典型开发区中三种元素的相对环境容量：Pb>Cu>Cd。

(2) 开发区土壤重金属综合相对环境容量

由表 8-17 可见：对山东省典型开发区土壤重金属综合相对环境容量分析，取样点的土壤重金属综合相对环境容量均达中、高容量等级，22 个开发区中 6 个开发区的综合相对环境容量属中容量区（$0.45 \leqslant R_{ci} < 0.75$），占总采样点的 27%，16 个开发区综合相对环境容量属高容量区（$R_{ci} \geqslant 0.75$），占总采样点的 73%。由此可见山东省典型开发区土壤对于 Cd、Pb、Cu 三种元素还有一定的综合承受能力，因此该结果在一定程度上表现出土壤环境质量对于各开发区经济发展有一定的环境承载力。

8.4.4 小结

①山东省典型开发区土壤中 Cd、Pb、Cu 三种重金属全量值均未超过国家土壤环境质量二级标准（GB15618—1995），但以山东省土壤重金属元素浓度背景值作为单项评价依据则有部分开发区出现污染状况，其中 Cd 污染的区域占总采样点的 59%，Pb 污染的区域占总采样点的 13.6%，Cu 污染的区域占总采样点的 31.8%。

②山东省典型开发区土壤重金属综合污染指数在 0.24~5.90 之间，22 个采样点中综合污染状况为清洁的点占总采样点 9%，综合污染状况为轻污染的点占总采样点的 23%，综合污染状况为中度污染的点占总采样点的 18%，综合污染状况为重污染的点占总采样点的 50%。总体看山东省典型开发区土壤重金属综合环境

质量有待加强治理和管理力度。

③山东省典型开发区土壤中 Cd、Pb、Cu 三种重金属元素的静态环境容量 Pb 最大，相对环境容量也是 Pb 最大。对山东省典型开发区土壤重金属综合相对环境容量分析，综合相对环境容量均达中、高容量等级，22 个开发区中 27% 开发区的综合相对环境容量属中容量区，73% 的开发区综合相对环境容量属高容量区，综合看山东省典型开发区土壤重金属综合相对环境容量还具有很大程度的承载力。

9 山东省土壤重金属环境容量预测

9.1 土壤环境容量预测方法

污染物的输入水平不同，达到土壤容量的年限也不同。由于植物吸收、地表径流以及下渗等，土壤中污染物每年都有一部分输出，同时也有一部分输入，假设每年输入的污染物均为 P（P 为每年输入每千克土壤污染物的质量，单位为 $mg \cdot kg^{-1}$），在 $t=0$ 时，输入污染物为 P，当 $t=1$ 时，变为 $P*r$（r 为残留率，$0 < r < 1$），同时又有 P 输入，于是利用递推关系公式可得 t 年后重金属在土壤中的环境容量，即

$$V(t) = V(0) + \frac{P(1 - r^{t+1})}{1 - r} \qquad (9\text{-}1)$$

式中，$V(t)$为 t 年后土壤中的污染物累积量可达到的土壤环境容量总值，$V(0)$为各重金属元素的现状环境容量值，r 为残留率。$V(t) - V(0)$即为剩余环境容量总值，是做好土壤环境容量管理工作的主要研究对象（李树斌等，1994）。

对于不同输入量 P 分三种情况来讨论：

①当输入量 P 小于控制输入量（控制输入量为在土壤环境容量范围内，每年允许增加的土壤污染物的数量，单位转化为 $mg \cdot kg^{-1}$，即为防止土壤污染每年每千克土壤所能增加重金属元素的最大毫克数）时，土壤污染物累积量不会超过土壤环境总容量，即

$$V(\infty) = V(0) + \frac{P}{1 - r} \qquad (9\text{-}2)$$

其中，$V(\infty)$可计算出为一定值，不会超过土壤环境总容量值。

②当输入量 P 等于控制输入量时，$V(t)$在 t 年后将趋向于土壤环境容量总值，如果给定一个充分小的数值 x，将在 t 年后 $V(t) + x$=土壤环境总容量值。

③当输入量 P 大于控制输入量时，由式（9-1）解出 t，

$$t = \log\left\{ 1 - \frac{(1 - r)\left[V(t) - V(0)\right]}{P} \right\} - 1 \qquad (9\text{-}3)$$

由式（9-3）即可求得每年每千克土壤增加 P 毫克重金属污染物的前提下，土壤环境容量达到极限所需要的年限。利用第 7 章和第 8 章的研究结果代入式（9-3），预测输入量 P 等于控制输入量和输入量 P 大于控制输入量两种情景下达到土壤环境容量年限。

9.2　重金属输入量等于控制输入量

9.2.1　单一元素达到环境容量年限预测

由表 9-1 可见，当输入量 P 等于控制输入量时，同种土壤，Cu、Zn、Pb、Cd 达到极限年限的时间不同。在褐土中，四种重金属达到控制年限的排序为：Pb（313a±8a）＞Cu（241a±8a）＞Zn（140a±19a）＞Cd（28a±1a）；在潮土中，四种重金属达到控制年限的排序为：Pb（385a±32a）＞Cu（295a±42a）＞Zn（210a±43a）＞Cd（36a±1a）；在棕壤中，四种重金属达到控制年限的排序为：Cu（308a±50a）＞Pb（303a±16a）＞Zn（109a±4a）＞Cd（27±1a）。总的来说，Pb 达到控制年限最大，Cd 的最小。

不同土壤中，同一种元素达到极限年限的时间也不同，Cu 达到控制年限的排序为：棕壤（308a±50a）＞潮土（295a±42a）＞褐土（241a±8a）；Zn 达到控制年限的排序为：潮土（210a±43a）＞褐土（140a±19a）＞棕壤（109a±4a）；Pb 达到控制年限的排序为：潮土（385a±32a）＞褐土（313a±8a）＞棕壤（303a±16a）；Cd 达到控制年限的排序为：潮土（36a±1a）＞褐土（28a±1a）＞棕壤（27a±1a）。除 Cu 外，潮土的达到控制年限最长。

9.2.2　多元素综合环境容量年限预测

由于不同重金属对土壤环境、生态环境的影响不同，故采用加权平均值计算法进行综合预测。权值的确定采用 1.1.2 确定的。由表 9-2 可见，三种土壤达到综合环境容量年限的排序为：潮土（217a±15a）＞棕壤（173a±14a）＞褐土（162a±40a），变异系数为：褐土（0.25）＞棕壤（0.08）＞潮土（0.07）。第 16 个样点达到综合环境容量的年限最短，仅为 19a，第 31 个样点达到综合环境容量的年限最长，为 234a，对于已经污染的样点达到综合环境容量的年限明显缩短，对于现状环境容量较大的样点，达到综合环境容量的年限则较长。

表9-1 山东省农田土壤重金属达到环境容量年限的预测

样点	土壤类型	Cu		Zn		Pb		Cd	
		P/ (mg·kg⁻¹)	极限年限/a	P/ (mg·kg⁻¹)	极限年限/a	P/ (mg·kg⁻¹)	极限年限/a	P/ (mg·kg⁻¹)	极限年限/a
1#		3.13	237	34.48	153	18.06	315	0.36	30
2#		3.51	240	4.66	124	21.53	321	0.25	28
3#		4.12	245	27.49	150	9.98	296	0.31	29
4#		3.34	239	1.13	103	12.98	304	0.28	29
5#		2.45	230	31.75	152	15.03	309	0.26	28
6#		3.01	236	0.27	81	16.18	311	0.22	27
7#		3.19	237	1.38	106	20.54	319	0.25	28
8#		2.15	226	34.91	153	20.13	319	0.29	29
9#		6.48	258	32.25	152	20.44	319	0.31	29
10#	褐土	*	*	30.81	152	17.52	314	0.31	29
11#		3.38	239	30.69	152	17	313	0.23	28
12#		3.04	236	24.92	148	8.41	290	0.31	29
13#		4.25	246	26.84	150	17.83	315	0.27	29
14#		6.67	259	32.55	152	13.08	305	0.23	28
15#		*	*	6.79	129	18.51	316	0.26	28
16#		*	*	4.23	122	*	*	0.27	29
17#		4.56	248	34.03	153	18.62	316	0.32	29
18#		4.3	246	4.1	122	11.44	300	0.24	28
19#		2.49	230	29.93	151	20.4	319	0.25	28
20#		3.67	242	26.23	149	*	*	0.23	28
21#		4.81	250	29.7	151	20.22	319	0.23	28
22#		4.04	244	33.26	153	22.75	322	0.21	27
23#		2.78	233	27.88	150	23.1	323	0.29	29
24#		3.15	237	29.75	151	18.9	316	0.24	28
25#		4.56	248	37.82	155	20.67	319	0.24	28
平均值±标准差		3.78±1.16	241±8	23.11±13.03	140±19	17.54±4.01	313±8	0.27±0.04	28±1
变异系数		0.31	0.04	0.56	0.14	0.23	0.03	0.14	0.02

续表

样点	土壤类型	Cu		Zn		Pb		Cd	
		$P/(mg·kg^{-1})$	极限年限/a	$P/(mg·kg^{-1})$	极限年限/a	$P/(mg·kg^{-1})$	极限年限/a	$P/(mg·kg^{-1})$	极限年限/a
26#		1.64	307	16.21	231	6.52	390	0.27	37
27#		1.03.	279	0.34	139	5.38	378	0.24	36
28#		2.54	333	4.37	200	2.02	319	0.26	37
29#		1.42	298	2.04	182	10.24	417	0.2	35
30#		1.74	311	15.4	230	4.88	373	0.26	37
31#		2.02	320	21.91	239	9.55	413	0.17	34
32#		0.13	152	23.98	241	9.52	413	0.23	36
33#	潮土	1.90	316	23.78	241	8.99	410	0.23	36
34#		1.03	279	6.79	210	5.42	379	0.19	35
35#		2.08	322	0.21	127	1.62	306	0.24	36
36#		1.04	280	22.09	239	5.05	375	0.2	35
37#		1.93	317	24.65	241	8.23	404	0.23	36
38#		1.61	306	22.87	240	9.00	410	0.23	36
39#		1.88	315	23.24	240	5.33	378	0.26	37
40#		*	*	0.19	125	8.50	406	0.24	37
41#		1.38	297	23.53	240	7.86	401	0.23	36
平均值±标准差		1.56±0.58	295±42	14.48±10.17	210±43	6.76±2.64	385±32	0.23±0.03	36±1
变异系数		0.41	0.06	0.70	0.21	0.39	0.08	0.12	0.02

续表

样点	土壤类型	Cu P/(mg·kg⁻¹)	Cu 极限年限/a	Zn P/(mg·kg⁻¹)	Zn 极限年限/a	Pb P/(mg·kg⁻¹)	Pb 极限年限/a	Cd P/(mg·kg⁻¹)	Cd 极限年限/a
42#		2.54	334	47.59	114	16.97	313	0.22	27
43#		0.44	227	*	*	17.18	313	0.22	27
44#		3.16	347	46.67	114	14.64	308	0.22	27
45#		1.60	306	11.1	99	16.83	313	0.19	27
46#		0.17	170	38.76	112	10.82	242	0.21	27
47#		4.46	368	15.92	102	17.14	313	0.2	27
48#		1.61	306	38.19	112	13.67	306	0.2	27
49#		2.88	341	34.97	111	13.98	307	0.21	27
50#	棕壤	2.90	342	31.24	110	10.58	298	0.2	27
51#		3.25	349	35.48	111	15.77	311	0.22	27
52#		*	*	10.46	98	11.27	300	0.2	27
53#		1.36	296	35.25	111	10.58	298	0.2	27
54#		0.85	267	33.61	110	14.77	308	0.14	27
55#		3.73	357	35.64	111	16.8	313	0.18	25
56#		2.28	327	27.08	108	14.67	308	0.19	26
57#		*	*	43.32	113	16.11	311	0.23	27
58#		1.94	317	30.54	109	9.79	295	0.23	27
59#		1.60	306	41.53	113	15.08	309	0.23	27
60#		1.09	282	33.51	110	14.74	308	0.2	27
平均值±标准差		2.11±1.98	308±50	32.82±10.8	109±4	14.0±3.0	303±16	0.20±0.02	27±1
变异系数		0.56	0.16	0.33	0.04	0.18	0.05	0.10	0.02

注: *为已污染区域。

表 9-2　山东省农田土壤重金属综合环境容量年限的预测

土壤	样点	极限年限/a	土壤	样点	极限年限/a	土壤	样点	极限年限/a
	1#	178		23#	180		平均值±标准差	217±15
	2#	178	褐土	24#	177		变异系数	0.07
	3#	170		25#	180		43#	166
	4#	170		平均值±标准差	162±40		44#	182
	5#	174		变异系数	0.25		45#	179
	6#	170		26#	224		46#	137
	7#	176		27#	210		47#	185
	8#	178		28#	194		48#	177
	9#	181		29#	231		49#	181
	10#	154		30#	217		50#	177
	11#	176		31#	234		51#	183
褐土	12#	166		32#	218	棕壤	52#	144
	13#	178		33#	233		53#	173
	14#	175	潮土	34#	214		54#	174
	15#	153		35#	183		55#	184
	16#	19		36#	214		56#	179
	17#	179		37#	231		57#	149
	18#	170		38#	232		58#	173
	19#	178		39#	220		59#	178
	20#	44		40#	194		60#	175
	21#	180		41#	227		平均值±标准差	173±14
	22#	180		42#	183		变异系数	0.08

9.3　重金属输入量大于控制输入量

当污染物年输入量大于年控制输入量时，均可达到环境容量的年限，但掌握输入量增加的幅度将引起容量年限怎样的变化，对加强环境管理研究起着一定的作用。下面假定输入量 P=1.2*控制输入量，对样点达到环境容量的年限进行了预测。

由表 9-3 可见，同种土壤中，Cu、Zn、Pb、Cd 达到极限年限的时间不同。在褐土中，四种重金属达到控制年限的排序为：Pb（57a）＞Cu（52a）＞Zn（25a）＞Cd（8a）；在潮土中，四种重金属达到控制年限的排序为：Pb（123a）＞Cu（107a）＞Zn（42a）＞Cd（11a）；在棕壤中，四种重金属达到控制年限的排序为：Cu（59a）＞Pb（57a）＞Zn（18a）＞Cd（8a）。不同土壤，同一种元素达到极限年限的时间也不同，Cu 达到控制年限的排序为：潮土（107a）＞棕壤（59a）＞褐土（52a）；Zn 达到控制年限的排序为：潮土（42a）＞褐土（25a）＞棕壤（18a）；Pb 达到控制年限的排序为：潮土（123a）＞褐土（57a）≈棕壤（57a）；Cd 达到控制年限的排序为：潮土（11a）＞褐土（8a）≈棕壤（8a）。

表9-3 山东省农田土壤重金属达到环境容量年限的预测

样点	土壤类型	Cu		Zn		Pb		Cd	
		P/(mg·kg⁻¹)	极限年限/a	P/(mg·kg⁻¹)	极限年限/a	P/(mg·kg⁻¹)	极限年限/a	P/(mg·kg⁻¹)	极限年限/a
1#		3.75	52	41.38	25	21.67	57	0.43	8
2#		4.21	52	5.59	25	25.84	57	0.30	8
3#		4.95	52	32.99	25	11.98	57	0.37	8
4#		4.01	52	1.36	25	15.58	57	0.34	8
5#		2.94	52	38.10	25	18.04	57	0.31	8
6#		3.61	52	0.32	25	19.42	57	0.26	8
7#		3.83	52	1.66	25	24.65	57	0.30	8
8#		2.58	52	41.89	25	24.16	57	0.35	8
9#		7.77	52	38.70	25	24.53	57	0.37	8
10#		*	*	36.97	25	21.02	57	0.37	8
11#		4.06	52	36.83	25	20.40	57	0.28	8
12#		3.64	52	29.90	25	10.09	57	0.37	8
13#	褐土	5.1	52	32.21	25	21.40	57	0.32	8
14#		8	52	39.06	25	15.70	57	0.28	8
15#		*	*	8.15	25	22.21	57	0.31	8
16#		*	*	5.08	25	*	*	0.32	8
17#		5.47	52	40.84	25	22.34	57	0.38	8
18#		5.16	52	4.92	25	13.73	57	0.29	8
19#		2.99	52	35.92	25	24.48	57	0.30	8
20#		4.4	52	31.48	25	*	*	0.28	8
21#		5.78	52	35.64	25	24.26	57	0.28	8
22#		4.85	52	39.91	25	27.30	57	0.25	8
23#		3.34	52	33.46	25	27.72	57	0.35	8
24#		3.78	52	35.70	25	22.68	57	0.29	8
25#		5.48	52	45.38	25	24.80	57	0.29	8

续表

样点	土壤类型	Cu P/(mg·kg^{-1})	Cu 极限年限/a	Zn P/(mg·kg^{-1})	Zn 极限年限/a	Pb P/(mg·kg^{-1})	Pb 极限年限/a	Cd P/(mg·kg^{-1})	Cd 极限年限/a
26#	潮土	1.97	107	19.45	42	7.82	123	0.17	11
27#		1.24	107	0.41	42	6.46	123	0.32	11
28#		3.05	107	5.24	42	2.42	123	0.29	11
29#		1.70	107	2.45	42	12.29	123	0.31	11
30#		2.09	107	18.48	42	5.86	123	0.24	11
31#		2.42	107	26.29	42	11.46	123	0.31	11
32#		0.16	107	28.78	42	11.42	123	0.20	11
33#		2.28	107	28.54	42	10.79	123	0.28	11
34#		1.24	107	8.15	42	6.50	123	0.28	11
35#		2.50	107	0.25	41	1.94	123	0.23	11
36#		1.25	107	26.51	42	6.06	123	0.29	11
37#		2.32	107	29.58	42	9.88	123	0.24	11
38#		1.93	107	27.44	42	10.80	123	0.28	11
39#		2.26	107	27.89	42	6.40	123	0.28	11
40#		*	*	0.23	42	10.20	123	0.31	11
41#		1.66	107	28.24	42	9.43	123	0.29	11
42#	棕壤	3.05	59	57.11	18	20.36	57	0.04	8
43#		0.53	59	*	*	20.62	57	0.14	8
44#		3.79	59	56.00	18	17.57	57	0.26	8
45#		1.92	59	13.32	18	20.20	57	0.26	8
46#		0.20	59	46.51	18	12.98	57	0.26	8
47#		5.35	59	19.10	18	20.57	57	0.23	8
48#		1.93	59	45.83	18	16.40	57	0.25	8

续表

样点	土壤类型	Cu		Zn		Pb		Cd	
		P/ (mg·kg^{-1})	极限年限/a	P/ (mg·kg^{-1})	极限年限/a	P/ (mg·kg^{-1})	极限年限/a	P/ (mg·kg^{-1})	极限年限/a
49#		3.46	59	41.96	18	16.78	57	0.24	8
50#		3.48	59	37.49	18	12.70	57	0.24	8
51#		3.90	59	42.58	18	18.92	57	0.25	8
52#		*	59	12.55	18	13.52	57	0.24	8
53#		1.63	59	42.30	18	12.70	57	0.26	8
54#	棕壤	1.02	59	40.33	18	17.72	57	0.24	8
55#		4.48	59	42.77	18	20.16	57	0.24	8
56#		2.74	59	32.50	18	17.60	57	0.17	8
57#		*	59	51.98	18	19.33	57	0.22	8
58#		2.33	59	36.65	18	11.75	57	0.23	8
59#		1.92	59	49.84	18	18.10	57	0.28	8
60#		1.31	59	40.21	18	17.69	57	0.28	8

注: *为已污染区域。

　　由表 9-1 和表 9-3 可知，两种输入量的情况分别在同种土壤、不同土壤达到环境容量年限的排序相同。污染物数量增多，导致控制年限明显缩短，说明输入量的大小与年限关系甚密。同时可以看出当污染物大于控制输入量时，达到环境容量的年限主要取决于不同土壤类型的残留率，即当输入量大于控制输入量时，若输入等量的污染物，则同种类型土壤达到环境容量年限的时间相同，年限的大小主要取决于输入量超过控制输入量的倍数。

9.4　结　　论

　　对山东省重金属环境容量年限预测的研究中，假定了污染物的两种输入量，预测了不同的环境容量年限，当输入量等于控制输入量时，在一定的时间内会达到极限年限，当输入量大于控制输入量时，导致极限年限明显缩短，此时达到环境容量年限的长短主要取决于不同重金属在不同土壤类型中残留率的大小。严格遵循年输入量低于年控制量的原则，才能实现生态的可持续发展，实行总量控制是防止和治理土壤污染有效可行的措施。

第三部分 土壤重金属环境容量信息系统研发

10 土壤重金属环境容量信息系统研发工具

近年来，随着国家、普通公众对环境质量、农业安全生产的重视，各个政府决策部门、相关的研究机构、与农业生产相关的普通公众等都希望能有一个集查询、浏览、管理等功能于一体的土壤重金属环境容量信息系统（SECIS）。在系统中，管理员用户根据一定的授权权限，在许可的条件下对各种土壤环境数据进行管理，应用有关的数据与分析工具对数据进行分析、统计、产生针对性强的相关专题图件，而且普通用户也可以在一幅山东省地图上看到各地的土壤环境信息。当用户放大某个局部或点击某个地点时(通过简单的鼠标操作)，显示当地的土壤环境信息的文字介绍、统计数字等情况。

随着社会的发展和技术的进步,用计算机技术对土壤环境信息进行科学有效的管理，将土壤环境信息有效地发布是时代的需要，也是山东省环境、农业走向现代化的需要，并为打造山东省现代农业、良好环境创造有利条件。

10.1 组件式 GIS 技术 MapInfo/MapX

目前，比较流行的组件式 GIS 产品主要有 Map Objects 和 MapX 等。MapX 是 MapInfo 公司向用户提供的具有强大的地图分析功能的 ActiveX 控件产品，由于它是一种基于 Windows 操作系统的标准控件，因而能支持绝大多数标准的可视化开发环境。编程人员在开发过程中可以选用自己最熟悉的开发语言，轻松地将地图功能嵌入到应用中，并且可以脱离 MapInfo 的软件平台运行。利用 MapX，能够简单快速地在企业应用中嵌入地图功能，增强企业应用的空间分析能力，实现企业应用的增值。MapX 采用基于 MapInfo Professional 相同的地图化技术，可以实现 MapInfo Professional 具有的绝大部分地图编辑和空间分析功能。而且，MapX 提供了各种工具、属性和方法，实现这些功能是非常容易的。

10.1.1 组件式 GIS 的特点

GIS 软件同其他软件一样，已经或正在发生着革命性的变化，即由过去厂家提供全部系统或者具有二次开发功能的软件，过渡到提供组件由用户自己再开发的方向上来。无疑，组件式 GIS 技术将给整个 GIS 技术体系和应用模式带来巨大影响（舒红等，1997）。GIS 技术的发展，在软件模式上经历了功能模块、包式软件、核心式软件，如今发展到组件式 GIS 和 WebGIS 的过程。传统 GIS 在功能上已经比较成熟，但是由于这些系统多是基于 10 多年前的软件技术开发的，属于独立封闭的系统。同时，GIS 软件变得日益庞大，用户难以掌握，费用昂贵，阻碍了 GIS 的普及和应用。组件式 GIS 的出现为传统 GIS 面临的多种问题提供了全新的解决思路。组件式 GIS 的基本思想是把 GIS 的各大功能模块划分为几个控件，每个控件完成不同的功能。各个 GIS 控件之间，以及 GIS 控件与其他非 GIS 控件之间，可以方便地通过可视化的软件开发工具集成起来，形成最终的 GIS 应用（谢传节等，1998）。把 GIS 的功能适当抽象，以组件形式供开发者使用，将会带来许多传统 GIS 工具无法比拟的下述优点（Egenhofer M J et al., 1991）。

(1) 小巧灵活、价格便宜

由于传统 GIS 结构的封闭性，往往使得软件本身变得越来越庞大，不同系统的交互性差，系统的开发难度大。在组件模型下，各组件都集中地实现与自己最紧密相关的系统功能，用户可以根据实际需要选择所需控件，最大限度地降低了用户的经济负担。组件化的 GIS 平台集中提供空间数据管理能力，并且能以灵活的方式与数据库系统连接。在保证功能的前提下，系统表现得小巧灵活，而其价格仅是传统 GIS 开发工具的 1/10，甚至更少。这样，用户便能以较好的性能价格比获得或开发 GIS 应用系统。

(2) 无须专门 GIS 开发语言

传统 GIS 往往具有独立的二次开发语言，对用户和应用开发者而言存在学习上的负担。而且使用系统所提供的二次开发语言，开发往往受到限制，难以处理复杂问题。而组件式 GIS 建立在严格的标准之上，不需要额外的 GIS 二次开发语言，只需实现 GIS 的基本功能函数，按照 Microsoft 的 ActiveX 控件标准开发接口。这有利于减轻 GIS 软件开发者的负担，而且增强了 GIS 软件的可扩展性。GIS 应用开发者，只需熟悉基于 Windows 平台的通用集成开发环境，以及 GIS 各个控件的属性、方法和事件，就可以完成应用系统的开发和集成。目前，可供选择的开发环境很多，如 Visual C++、Visual Basic、Visual FoxPro、Borland C++、Delphi、C++ Builder 以及 Power Builder 等都可直接成为 GIS 的优秀开发工具，它们各自的优点都能够得到充分发挥。这与传统 GIS 专门性开发环境相比，是一种质的飞跃。

(3) 强大的 GIS 功能

新的 GIS 组件都是基于 32 位系统平台的，采用直接调用形式，所以，无论是管理大数据的能力还是处理速度方面均不比传统 GIS 逊色。小小的 GIS 组件完全能提供拼接、裁剪、叠合、缓冲区等空间处理能力和丰富的空间查询与分析能力。

(4) 开发简捷

由于 GIS 组件可以直接嵌入 MIS 开发工具中，对于广大开发人员来讲，就可以自由选用他们熟悉的开发工具。此外，GIS 组件提供的 API 形式非常接近 MIS 工具的模式，开发人员可以像管理数据库表一样熟练地管理地图等空间数据，无须对开发人员进行特殊的培训。在 GIS 或 GMIS 的开发过程中，开发人员的素质与熟练程度是十分重要的因素。这将使大量的 MIS 开发人员能够较快地过渡到 GIS 的开发工作中，从而大大加速 GIS 的发展。

(5) 更加大众化

组件式技术已经成为业界标准，用户可以像使用其他 ActiveX 控件一样使用 GIS 控件，使非专业的普通用户也能够开发和集成 GIS 应用系统，推动了 GIS 大众化进程。组件式 GIS 的出现使 GIS 不仅是专家们的专业分析工具，同时也成为普通用户对地理相关数据进行管理的可视化工具。

10.1.2　组件式 GIS 的开发平台

组件式 GIS 开发平台通常可设计为下述三级结构（何建邦，1999）。

(1) 基础组件

它面向空间数据管理，提供基本的交互过程，并能以灵活的方式与数据库系统连接。

(2) 高级通用组件

它由基础组件构造而成，面向通用功能，简化用户开发过程，如显示工具组件、选择工具组件、编辑工具组件、属性浏览器组件等等。它们之间的协同控制消息都被封装起来。这些组件经过封装后，使二次开发更为简单。如一个编辑查询系统，若用基础平台开发，需要编写大量的代码，而利用高级通用组件，只需几句程序就够了。

(3) 行业性组件

抽出行业应用的特定算法，固化到组件中，进一步加速开发过程。GIS 软件的模型包含若干功能单元，诸如空间数据获取、坐标转换、图形编辑、数据存储、数据查询、数据分析、制图表示等。要把所有这些功能放在一个控件中几乎是不可能的，即使实现也会带来系统的效率低下。GIS 组件的设计主要遵循应用领域的需求，例如 ESRI 的 Map Objects 就是以空间数据访问制图为主要目标的 GIS 组件。

10.1.3 MapX 的空间数据结构

空间数据结构是 GIS 的基础，GIS 就是通过这种地理空间拓扑结构建立地理图形的空间数据模型，并定义各空间数据之间的关系，从而实现地理图形和数据库的结合。MapX 采取的空间结构是基于空间实体和空间索引相结合的一种结构。空间索引是查询空间实体的一种机制，通过空间索引，就能够以尽量快的速度查询到给定坐标范围内的空间实体及其所对应的数据。MapX 的空间数据结构就像 MapInfo 数据一样，是一种分层存放的结构。用户可以通过图形分层技术，根据自己的需求或一定的标准对各种空间实体进行分层组合，将一张地图分成不同图层。采用这种分层存放的结构，可以提高图形的搜索速度，便于各种不同数据的灵活调用、更新和管理。

10.1.4 MapX 组件的模型结构

MapX 的对象是分层的树状结构。基本组成单元是 Object(单个对象)和 Collection(集合)。其中集合包括对象，是多个对象的组合。位于顶层的是 Map 对象本身，其他均由 Map 对象继承。Layers、Datasets、Annotations 是 Map 对象下面的三个重要分支。其中 Layer 主要用于操作地图的图层，Dataset 用于访问空间数据表，Annotation 用于在地图上增加文本或者符号。

MapX 定义了一个类体系，以有效地组织图形元素、图层、属性数据等对象。掌握了 MapX 对象，就可通过操纵它的方法和属性达到自由控制地图显示的目的，并且，Map 对象的属性可以在设计时设定，也可以在程序运行时由程序交互设定。

(1) Layer 和 Layers 对象

对于 MapInfo 每一幅单独的地图都是一个图层，MapX 把地图存储为图层的集合。一般来说，图层从类型上可以分为点状图层、线状图层和面状图层。例如，注释和城市符号等都是点状图层，河流、界线等是线状图层，海洋、行政区等是面状图层。在从上到下排列时，面状图层放在最下层，中间是线状图层，最上层是点状图层，这样安排能够使得地图合理、浏览方便。针对每一类具体的地物，我们一般将其放在同一层，即同一幅地图上，然后按照上面的规则来放置图层。在"设计时"通过 MapX 属性对话框或是在"运行时"通过编程可以对图层进行改变。属性对话框允许设计者通过简单地更改设置来操作图层。也可以在程序中随时更改图层属性和方法的代码。新建图层、删除图层以及更改图层的可见性和样式等操作都能在图层上完成。

图层集合对象(Layers)是由 0 到 n 个 Layer 对象组成的，而图层对象(Layer)又由特性集合(Features)组成的，特性集合(Features)由 Feature 对象组成，每一个特性 (Feature)都有其自己的属性和样式。它对应地图中的图元，例如点、线或区域。在程序中可以创建独立的 Feature 对象，也可以取得 Feature 对象的集合。

(2) Datasets 和 Datasets 对象

在地图上除了具有地理位置属性的地物元素之外，每一个元素都具备自身的属性，而且往往都与某一应用领域的数据库相关。也只有把地物元素与具体的行业数据联系起来，地理信息系统的应用才有意义。

MapX 中的 Datasets 对象就是外来数据的集合，通过它开发者可以将数据和数据库绑定到地图。当 MapX 需要在数据和地图之间指定某个匹配时，该匹配是通过称为自动匹配/自动绑定的处理过程来确定的。如要利用自动匹配/自动绑定，首先必须在 GeoDictionary 中注册地图。一旦将数据和地图绑定，就可以看到相关的地理化信息。数据绑定实现了地物属性的直观表示，这也使得制作专题地图变得可行。

(3) Annotation 和 Annotations 对象

所有的地图都离不开注释，因为没有注释的地图不但信息不完整，而且也容易产生歧义。利用 MapX 中的对象 Annotations 集合就可以把文本和符号放在地图上。作为点状图层，注释层应放在所有其他图层的顶端，并且不和任何数据链接。

(4) Geosets

Geoset 是在 Geo Manager 中建立好的 GST 文件，类似 MapInfo 中的 Workspace 概念，是图层及其设置的集合，控制程序中显示的地图。也可以在运行阶段设置 Geoset，此时将导致已经加载的所有图层和 Dataset 被删除而由 Geoset 中定义的图层所代替。如果单纯地想删除所有图层，只需给 Geoset 赋一个空字符串即可。可以使用 Geoset Manager 程序来管理 Geoset 文件(*.GST)。默认情况下 GST 文件存储在…\\MapX\maps 目录下，可以调用 GeoDictionary Manager 程序进行修改，指向用户程序数据所在的位置。

10.1.5 MapX 的基本功能

使用 MapX 不但可以实现地图数据的地图化浏览，还可以各种直观的方式显示和查询地图数据, 乃至对地图进行创建和编辑。下面是 MapX 的主要功能。

(1) MapInfo 格式地图的显示功能

MapX 支持 MapInfo 的地图数据格式, 可以显示该格式的地图数据以及内置的属性数据。对于用 AutoCAD 画的图纸, 将其另存为 dxf 格式的文件, 然后利用 MapInfo 菜单中 import 导入数据, 保存为 tab 格式的文件。并且每一张 AutoCAD 图纸中可以分图层依次导入 MapInfo 中, 然后把这些 tab 格式的 MapInfo 表作为一个一个图层加入 Geoset Manager 中, 就可以在可视化开发工具中打开了。MapX 这一功能既保证和原来的设计一致, 又能精确和快速地处理数据。

(2) 地图的随意浏览功能

MapX 提供了方便的工具, 使得用户可以对地图进行放大、缩小、漫游、选择等操作。比如要实现漫游的功能, 这是 GIS 最基本的功能, 但用处很大, MapX 中的鹰眼图更加强了这一功能, 用户可以通过鼠标在鹰眼图任一位置处指定任意大小的矩形, 则地图窗口将同步显示用户指定矩形区域内的地图, 从而实现地图的快速定位和浏览。

(3) 生成和编辑地图对象

在利用 MapX 开发程序中, 用户可以对图层中的点、线、面图元, 乃至样式、标注等进行随意编辑, 并可以创建用户定制的图元等数据。

(4) 双向查询

在 MapX 中, 地图和属性数据可以来自 OCX 的容器, 还提供了与各种 ODBC 数据源, 与 DAO、ADO、ADO.NET 等方式数据源的数据绑定。在实现空间数据和属性数据的有机结合后, 可以在图形上拖动鼠标, 选择一个或多图元, 就可以查询到相关的属性数据。可以把存放在 tab 表中的数据绑定到数据集里, 显示查询的数据。

反之, 通过设定范围、字段等, 在系统图形中又可以闪烁或居中显示相关图元, 这就是 MapX 的双向查询的功能。这一功能充分显示 GIS 优于一般 MIS 的特点, 实现了图文互动。

(5) 专题地图制作

MapX 可以方便地在地图中使用各种颜色编码, 按照用户制定的地图数据指标显示专题地图。另外, 还可以采用 6 种不同的样式来观察地理信息数据, 包括: 直方图、饼图、点密度、颜色范围、数值和等级符号等。

10.2　ADO.NET 技术

10.2.1　ADO.NET 技术的主要功能和特性

ADO.NET 是一种基于标准的程序设计模型，可以用来创建分布式应用以实现数据共享，在 ADO.NET 中，DataSet 占据重要地位，它是数据库里部分数据在内存中的拷贝。与 ADO 中的 RecordSet 不同，DataSet 可以包括任意数据表，每个数据表都可以用于表示自某个数据库表或视图的数据。DataSet 驻留在内存中，且不与原数据库相连，即无需与原数据库保持连接。

完成工作的底层技术是 XML，它是 DataSet 所采用的存储和传输格式。在运行期间，组件之间需要交换 DataSet 中的数据。数据以 XML 文件的形式从一个组件传输给另一个组件，由接收组件将文件还原为 DataSet 形式。DataSet 的有关方法与关系数据模型完全一样。

10.2.2　ADO.NET 模型的主要组成

ADO.NET 的数据访问分为两大部分：数据集(DataSet)与数据提供者（Data Provider）。

(1) 数据集

数据集是一个非在线，完全由内存表示的一系列数据，可以看作一份本地磁盘数据库中部分数据的拷贝。数据集完全驻留内存，可以被独立于数据库地访问或者修改。当数据集的修改完成后，更改可以被再次写入数据库，从而保留我们所做过的更改。数据集中的数据可以由任何数据源(Data Source)提供，比如 SQL Server 或者 Oracle。

(2) 数据提供者

数据提供者用于提供并维护应用程序与数据库之间的连接。数据提供者是一系列为了提供更有效率的访问而协同工作的组件。在 ADO.NET 中提供了两组数据提供者，一组叫作 SQL Data Provider（SQL 数据提供源），用于提供应用程序与 SQL Server 7.0 或者更高版本的访问。另一组叫作 OleDb Data Provider（Object Linking and Embedding Data Base Data Provider），可以允许我们访问例如 Oracle 之类的第三方数据源。每组数据提供源中都包含了如下四个对象：

Connect 对象提供了对数据库的连接；

Command 对象可以用来执行命令；

DataReader 对象提供了只读的数据记录集；

DataAdapter 对象提供了对数据集更新或者修改的操作。

10.2.3　ADO.NET 的编程模型

总体来说，使用 ADO.NET 访问数据可以被概括为以下两个步骤：

首先应用程序创建一个 Connect 对象用来建立与数据库之间的连接。

然后 Command 对象提供了执行命令的接口，可以对数据库执行相应的命令。当命令执行后数据库返回了大于零个数据时，DataReader 会被返回从而提供对返回的结果集的数据访问。或者，DataAdapter 可以被用来填充数据集，然后数据库可以由 Command 对象或者 DataAdapter 对象进行相应的更改。

具体来看数据提供者的四种对象：

(1) Connect 对象

Connect 对象用来提供对数据库的连接，Microsoft Visual Studio .Net 中微软提供了两种 Connect 对象，分别为 SqlConnection 对象，用来提供对 SQL Server 7.0 或更高版本的连接，同时还有 OleDbConnection 对象，用来提供对 Access 与其他第三方数据库的连接。

(2) Command 对象

同样，Command 对象分为两组，SqlCommand 与 OleDbCommand。Command 对象被用来执行针对数据库的命令，比如执行数据库的存储过程(Stored Procedure)、SQL 命令，或者直接返回一个完整的表。Command 对象提供三种方法(Methods)用来执行上述操作。

(3) DataReader 对象

不同于其他的三种对象，DataReader 不能够被用户直接创建，必须也只能由 ExecuteReader 返回。SqlCommand.ExecuteReader 返回 SqlDataReader，同理，OleDbCommand.ExecuteReader 返回 OleDbDataReader。

需要注意的是，DataReader 对应用程序提供行级访问（每次只能访问数据的一行），当你需要多行的时候就需要多次的访问这个对象。这样做的好处就是内存中永远只需要保留一行的数据，缺点就是每次访问都要开启 Connect 的连接。

(4) DataAdapter 对象

DataAdapter 对象是 ADO.NET 数据访问的核心。实际上它是数据集与数据库的中间层。DataAdapter 可以使用 Fill 方法来为 DataTable 或者 DataSet 填充数据。然后当内存操作完成后 DataAdapter 可以确认之前的操作从而对真正存于数据库上的数据进行修改。DataAdapter 包含四种属性用来代表不同的数据库命令：

SelectCommand 用来查询数据；

InsertCommand 用来插入数据；

DeleteCommand 用来删除数据；

UpdateCommand 用来更新数据。

综上所述，MapInfo/MapX 具有灵活性高、功能强大、易于开发等性点，而 ADO.NET 技术具有占用系统资源较少、与数据库交互性好、开发功能强大而全面的优点，所以在系统的开发过程中，选用了简单易用的开发平台 VB2005（基于 ADO.NET 技术）和 MapInfo/MapX 组件式 GIS 工具软件。

11 系统总体结构设计和功能设计

11.1 需求分析

11.1.1 功能需求

整体上，系统要逐步实现并完善如下功能：

(1) 土壤重金属环境数据管理功能

在相应授权的情况下，可以实现对测站信息、土壤监测数据的更新与录入，并对录入数据核对，同时其录入的数据能够实现对服务器数据库动态更新。由于土壤污染数据不断变化，其中既有时间变化，也有空间变化。而发布系统也具有开放性的特点，用户在授权的情况下，不但可以对测站属性进行录入和修改，也可以对空间图形进行操作。因此该系统的管理人员需对数据进行不断维护，管理人员通过数据维护区进入数据维护界面，整理核查相应的数据。

(2) 土壤重金属环境质量评价功能和数据统计分析功能

数据库管理人员可以按照土壤污染评价标准实现土壤环境质量评价功能，并实现评价结果自动写入数据库。数据库管理人员可以实现土壤污染数据统计分析功能，可对评价时段的土壤污染指标的最大值、最小值、平均值、超标物、超标倍数、超标率进行统计分析，并实现统计数据的动态更新。

(3) 土壤重金属环境容量计算、数据统计分析和预测功能

数据库管理人员可以实现土壤重金属静态容量、动态容量和相对容量计算，对计算结果的最大值、最小值、平均值、分级值等进行统计分析，并实现统计数据的动态更新。还能根据不同的重金属输入情境，预测土壤重金属环境容量到达年限。

(4) 土壤重金属环境数据查询功能

① 监测点位或区域查询
有两种查询方式：一种是通过属性数据查空间图形数据；另一种是直接在空间图形上使用鼠标进行选择查询属性数据。
② 土壤重金属环境监测信息查询

实现选择站点所在某一时间监测指标以及综合评价指标进行查询。根据权限可以查询的信息包括土壤监测数据、土壤统计数据（年均值、不同保准频率下的土壤监测值）和土壤环境质量评价数据（土壤类别、超标元素、超标倍数）。统计数据成果表述要求以表格和柱状图或饼状图等专题形式表达查询结果。

(5) 土壤重金属环境容量空间分析

在选取一定时段内的土壤环境质量参数，对其时间序列的变化进行表格或柱状图或饼状图等专题形式表达。

(6) 图形数据操作

① 基本图形操作功能

系统具有通用的 GIS 图形操作功能，如放大、缩小、全幅显示、拉框缩放、地图漫游、空间量算、多形状选择（包括矩形选择、圆形选择、任意多边形选择等）以及鹰眼显示等。

② 专题图件输出与打印

能够对图形按照一定的查询生成相应的专题图，并可以将图形按照多种格式（如 BMP、Jpeg、TIF 等格式）输出或打印（权限范围内）。

11.1.2 非功能需求

①通过遥感系统（RS）、全球定位系统（GPS）和各种土壤、作物测定仪器，收集土壤农药污染数据、重金属环境污染数据、土地利用现状、植被类型及分布、农作物的生长情况等多种信息。建立信息采集系统，达到信息获取手段的可靠性、先进性和信息的准确性和适时性。

②系统建设以先进的 GIS 技术为基础，融合 RS、GPS、MIS、WEB 等技术，依托不断发展的计算机及网络技术，建立功能完善的土壤环境容量信息系统，实现空间数据库与属性数据库的一体化、GIS 与 MIS 的无缝集成，提供图文并茂的土壤环境容量信息，达到技术先进性和功能完备性。

③综合运用 GIS 技术的交叉定位、逻辑查询及空间数据库的匹配等技术，通过网络互联或各级接口设计，实现农业信息的高度共享。

④提供强大的空间定位和分析能力，挖掘各类数据的内在联系，全面提升系统的应用水平和数据使用效率。

⑤提供直观、形象、方便、图形化的统计分析工具和显示手段，使系统具备强大的可视化分析能力。

⑥建立科学、合理的知识和数学分析模型，通过计算机分析或模拟、人机对话等，使系统具备强大的决策支持能力。

⑦系统提供严格的安全认证和权限管理机制，在物理网络、系统和应用三个层次上均具备良好的安全保密性。

⑧统一、简洁、友好的人机交互界面，最大程度地减少操作人员的工作量。

⑨系统具有良好的可扩展性、灵活性和健壮性。

⑩提供与其他相关应用系统和现有数据库良好的接口。

11.2 系统的软件配置

①操作系统——Window XP

②开发工具——Visual Basic 2005

③GIS 软件——MapInfo professional 7.0   MapX 5.0

④数据库软件——SQL Server 2000

11.3 系统设计

在系统需求分析的基础上，结合软件、硬件配置，对系统的设计如下：

11.3.1 系统总体结构设计

土壤重金属环境容量信息系统分为三个逻辑层次，自上向下依次为：信息表示层、系统功能层、系统支撑层，如图 11-1 所示。信息表示层主要完成用户的各

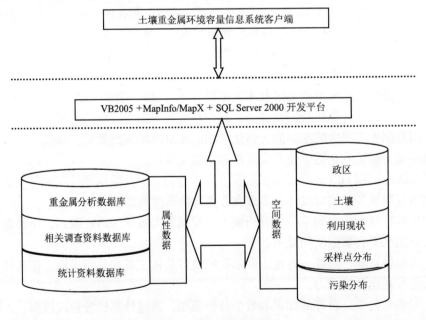

图 11-1 系统总体结构设计

种请求，最终将结果输出并显示。系统功能层是整个系统的核心，完成整个系统的应用功能。系统支撑层提供支持系统运行的各种环境，如计算机网络、通信设施、数据库、模型库、方法库、知识库、GIS 系统以及各种开发工具等三层体系架构，强调系统的稳定性、延展性和执行效率，可以有效地减少负载，提高数据库响应速度，便于系统的管理与维护。

11.3.2 系统功能结构设计

在系统功能需求分析的基础上，对系统的功能结构设计如图 11-2 所示。

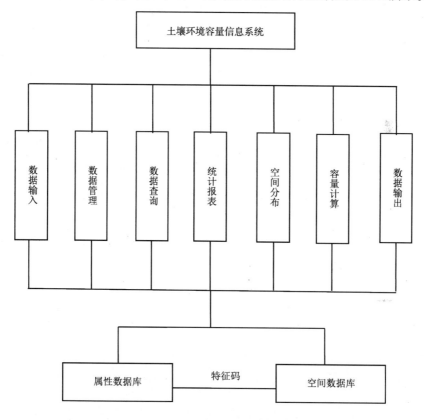

图 11-2 系统功能结构设计图

11.3.3 系统设计技术路线

信息系统的数据流程包括空间数据采集、数据库的建立与管理、数据的分析、数据的输出等过程。为此,山东省土壤环境容量信息系统的设计技术路线如图 11-3

所示。

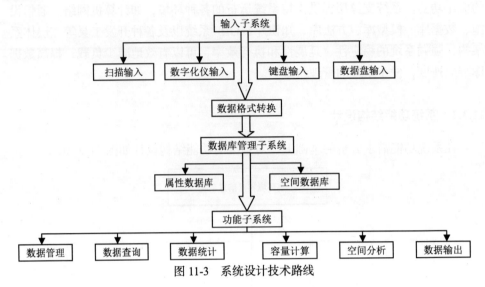

图 11-3　系统设计技术路线

12 系统详细设计与功能实现

12.1 系统属性数据库的创建

属性数据采用二维关系表的形式存储，用编码的方式来区分不同地物的属性数据。土壤类型、植被类型、成土母质、土地利用类型等完全按照国家统一的编码体系来进行编码。属于环境保护行业的，则按照人们的习惯来进行编码。在此系统中，采用常用的数据库管理系统 SQL Server 2000 来进行属性数据的存储、管理。

12.1.1 数据业务流程

通过对土壤环境容量信息系统的需求进行调查和分析后，得到如图 12-1 所示的信息系统业务流程。

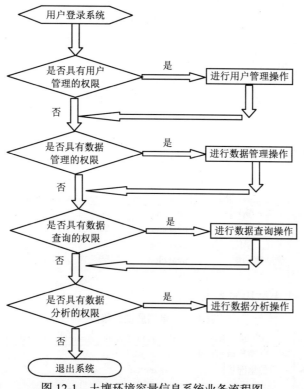

图 12-1 土壤环境容量信息系统业务流程图

12.1.2 数据库逻辑结构设计

根据数据库的需求分析和概念结构设计,设计了名为 soil environment capacity 的 SQL Server 2000 数据库,由用户表、检测人员表、采样人员表、样点表、采样地点表、监测值表、单项质量分级表、综合质量分级表、土壤类型表、标准值表、土地利用类型表、植被表、母质表、质地表等组成。

用户表结构如表 12-1 所示。

表 12-1　用户表

Column Name	Data Type	Length	Allow Nulls
Username	nvarchar	50	
Password	nvarchar	50	✓
Realname	nvarchar	50	✓
Mod1	nvarchar	50	✓
Mod2	nvarchar	50	✓
Memo	nvarchar	50	✓

检测人员表结构如表 12-2 所示。

表 12-2　检测人员表

Column Name	Data Type	Length	Allow Nulls
检测人编号	nvarchar	50	
检测人姓名	nvarchar	50	✓
检测人单位	nvarchar	50	✓
联系电话	nvarchar	50	✓

采样人员表结构如表 12-3 所示。

表 12-3　采样人员表

Column Name	Data Type	Length	Allow Nulls
采样人编号	nvarchar	50	
采样人姓名	nvarchar	50	✓
采样人单位	nvarchar	50	✓
联系电话	nvarchar	50	✓

单项质量分级表结构如表 12-4 所示。

表 12-4　单项质量分级表

Column Name	Data Type	Length	llow Null
单项环境质量分级编号	tinyint	1	
环境质量评价	nvarchar	50	✓

综合质量分级表结构如表 12-5 所示。

表 12-5　综合质量分级表

	Column Name	Data Type	Length	llow Null
🔑	综合环境质量分级编号	tinyint	1	
▶	综合环境质量评价	nvarchar	50	✓

样点表结构如表 12-6 所示。

表 12-6　样点表

	Column Name	Data Type	Length	Allow Nulls
▶🔑	样点编号	nvarchar	50	
	地点编号	nvarchar	50	✓
	经度	numeric	9	✓
	纬度	numeric	9	✓
	利用编号	nvarchar	50	✓
	亚类编号	nvarchar	50	✓
	质地编号	nvarchar	50	✓
	植被编号	nvarchar	50	✓
	母质编号	nvarchar	50	✓
	综合环境质量分级编	tinyint	1	✓
	采样人编号	nvarchar	50	✓
	检测人编号	nvarchar	50	✓
	管理人编号	nvarchar	50	✓

采样地点表结构如表 12-7 所示。

表 12-7　采样地点表

	Column Name	Data Type	Length	Allow Nulls
▶🔑	地点编号	nvarchar	50	
🔑	采样地市	nvarchar	50	
	采样县市	nvarchar	50	✓
	采样乡镇	nvarchar	50	✓
	联系电话	nvarchar	50	✓
	联系人	nvarchar	50	✓

监测值表结构如表 12-8 所示。

表 12-8　监测值表

	Column Name	Data Type	Length	Allow Nulls
▶🔑	编号	int	4	
	样点编号	nvarchar	50	✓
	监测项目	nvarchar	50	✓
	全量	numeric	9	✓
	有效态含量	float	8	✓
	pH	float	8	✓
	单项环境质量分级编号	tinyint	1	✓

土壤类型表结构如表 12-9 所示。

表 12-9　土壤类型表

	Column Name	Data Type	Length	llow Null
▶	土类	nvarchar	50	
	土类编号	nvarchar	50	✓
	土壤亚类	nvarchar	50	✓
🔑	亚类编号	nvarchar	50	

标准值表结构如表 12-10 所示。

表 12-10　标准值表

	Column Name	Data Type	Length	Allow Nulls
▶🔑	监测项目	nvarchar	50	
	pH1	float	8	✓
	pH2	float	8	✓
	pH3	float	8	✓

土地利用类型表结构如表 12-11 所示。

表 12-11　土地利用类型表

	Column Name	Data Type	Length	llow Null
▶🔑	利用编号	nvarchar	50	
	土地利用类型	nvarchar	50	✓
	备注	nvarchar	50	✓

植被表结构如表 12-12 所示。

表 12-12　植被表

	Column Name	Data Type	Length	llow Null
▶🔑	植被编号	nvarchar	50	
	植被类型	nvarchar	50	✓

母质表结构如表 12-13 所示。

表 12-13　母质表

	Column Name	Data Type	Length	Allow Nulls
🔑	母质编号	nvarchar	50	
	成土母质	nvarchar	50	✓
▶	举例	nvarchar	50	✓

质地表结构如表 12-14 所示。

表 12-14　质地表

Column Name	Data Type	Length	Allow Nulls
质地编号	nvarchar	50	
土壤质地	nvarchar	50	✓
物理性黏粒含量百分数	nvarchar	50	✓

12.1.3　数据表逻辑关系设计

各个数据库表之间的关系如图 12-2 所示。

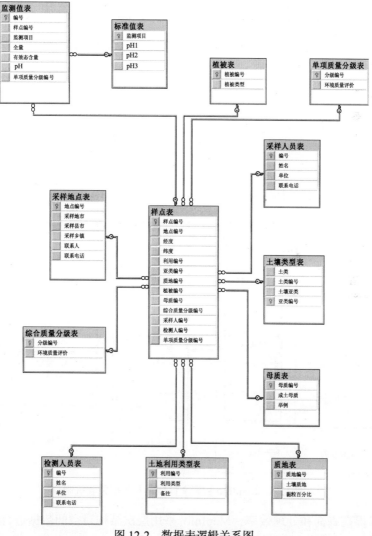

图 12-2　数据表逻辑关系图

12.2   系统空间数据库的创建

12.2.1   空间数据的获取与转换

本 SECIS 系统的基础地理数据是根据山东省土壤类型图、山东省土壤监测点位布设图、山东省行政区图，山东省土地利用图等图件，在 MapInfo 环境下完成地图数字化，根据不同的主题，如行政区、土壤类型、土地利用类型、植被类型等形成各自不同的层，并以文件的方式存储起来，形成 MapX 组件可以识别的数据格式，即 MapInfo 的双数据库存储模式：空间数据与属性数据的分开存储。属性数据存储在关系数据库的若干属性表中，而空间数据则以 MapInfo 的自定义格式保存于若干文件中，二者通过一定的索引机制联系起来，如图 12-3 所示。

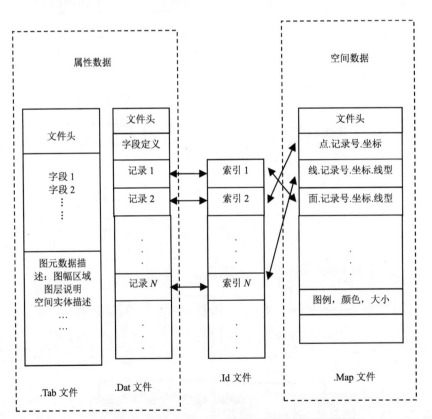

图 12-3   MapInfo 数据文件格式及数据关联机制

为了提高查询和处理效率，MapInfo 采用层次结构对空间数据进行组织，即根据不同的专题将地图分层，而每个图层又存储为若干个基本文件。

(1) 属性数据的表结构文件.TAB

属性数据表结构文件定义了地图属性数据的表结构，包括字段数、字段名称、字段类型和字段宽度、索引字段及相应图层的一些关键空间信息描述。

(2) 属性数据文件.DAT

属性数据文件中存放完整的地图属性数据。在文件头之后，为表结构描述，其后首尾相接地紧跟着各条具体地属性数据记录。

(3) 交叉索引文件.ID

交叉索引文件记录了地图中每一个空间对象在空间数据文件(.MAP)中的位置指针。每四个字节构成一个指针。指针排列的顺序与属性数据文件(.DAT)中属性数据记录存放的顺序一致。交叉索引文件实质上是一个空间对象的定位表。

(4) 空间数据文件.MAP

具体包含了各地图对象的空间数据。空间数据包括空间对象的几何类型、坐标信息和颜色信息等。另外还描述了与该空间对象对应的属性数据记录在属性数据文件(.DAT)中的记录号。这样，当用户从地图上查询某一地图对象时，就能够方便地查到与之相关的属性信息。

(5) 索引文件.IND

索引文件并不是必须的，只有当用户规定了数据库的索引字段后，MapInfo才会自动产生索引文件。索引文件中对应于每个索引字段都有一个索引表。在每个索引表中先给出总的数据库记录数目，然后按照索引顺序给出每条属性数据记录在对应的索引字段处的具体属性数据和该记录在属性文件及交叉索引文件中的记录号，它们之间的关联机制如图 12-3 所示。

12.2.2   空间数据库的配置与属性数据的绑定

(1) 空间数据库的配置

空间数据利用 MapInfo Professional 建立后，启动 MapX 的地图管理工具 Geoset Manager，打开在同一个专题图中需要用到的所有图层，以*.gst 文件格式存放在 MapX 安装目录........\MapInfo\MapX 5.0\Maps（此目录是 MapX 存储空间数据的默认位置）中，在开发环境中用 Set Map1.Geoset="*.gst"语句就可以直接调用了。

(2) 属性数据的绑定

属性数据在绑定到空间数据之前，必须要先对已经矢量化好且保存在 MapX 默认目录中的空间数据进行注册，以实现在 SQL Server2000 数据库中的属性数据与空间数据通过特征码的联接。空间数据在 MapX 中的注册过程如图 12-4 所示：

数据绑定的代码如下（以把各采样点综合环境质量属性数据绑定到采样点空间数据，并实现空间专题图为例）：

```
Dim data As Object(，) = DBOperation.DBQueryAsArray("select 样点编号，综合环境质
    量分级编号 from 综合分析")
AxMap1.DataSets.Add(MapXLib.DatasetTypeConstants.miDataSetSafeArray，data，
    "PingJia"，1，，"ydb")
AxMap1.DataSets("PingJia").Themes.Add(MapXLib.ThemeTypeConstants.miThemeIndivi-
    dualValue，2，"GEO")
```

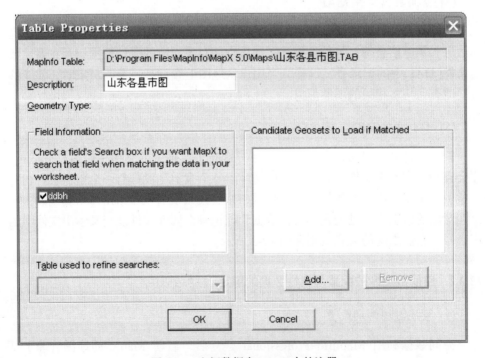

图 12-4　空间数据在 MapX 中的注册

12.3   系统界面的设计及功能实现

本部分要完成的功能主要是：设计出各个界面完成相应的功能，如：数据管理功能、土壤重金属环境容量数据统计分析功能、评价功能、土壤重金属环境数据查询功能、图形数据操作功能等。

12.3.1   系统登录界面和系统主界面设计

(1) 系统登录界面

对各类用户授予不同的权限，用各自的用户名与密码登录系统，只有超级管理员才有对数据的完全控制权，其他用户可以据各自的身份授予如：数据查询、数据分析、图形操作等不同的权限，以对数据进行有效的保护，如图 12-5 所示。

图 12-5   用户登录窗口

(2) 系统主界面

系统主界面采用流行的下拉菜单式命令进行操作，操作简捷。系统的主要功能都在此进行设计，如图 12-6 所示。

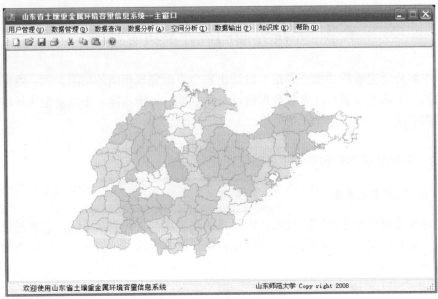

图 12-6 系统主界面

12.3.2 数据管理功能的实现

管理人员通过数据维护区进入数据维护界面，整理核查相应的数据，完成数据的录入、查询、更新并对数据进行不断维护等工作。

(1) 用户管理界面

对于超级用户，还可以完成对普通用户的管理工作，包括对普通用户的增删、用户名与密码的编辑等操作，如图 12-7 所示。

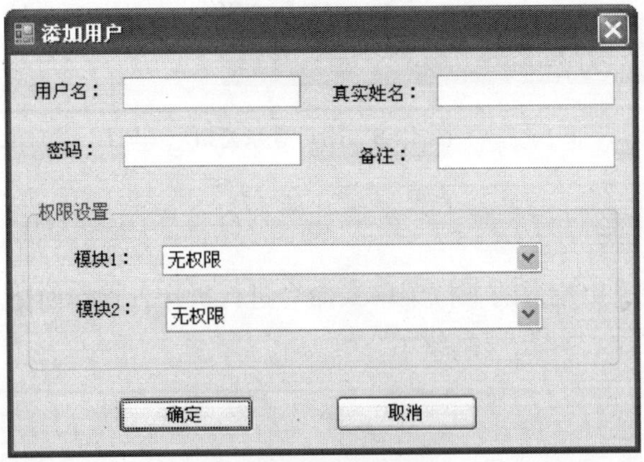

图 12-7 添加用户界面

(2) 数据管理界面

在此主要完成检测数据管理、采样信息管理、采样人员管理、检测人员管理、采样地点管理等工作，如图 12-8 所示。

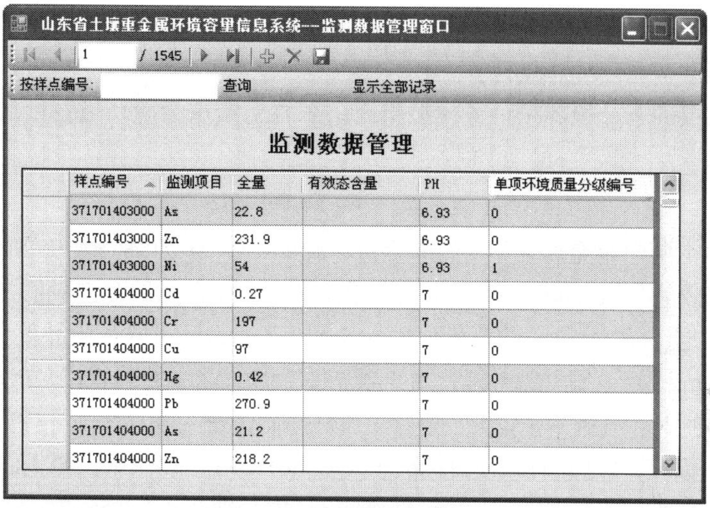

图 12-8　检测数据管理窗口

12.3.3　数据分析评价、查询功能的实现

在此不但可以完成土壤环境质量的单项评价、综合评价，而且还可以按照不同的单元来进行统计，如：按照行政区、按照土壤类型、按照植被类型等分别进行统计分析。还可以对原始数据及分析评价数据进行统计表查询和统计图查询。

(1) 评价的方法和标准

在此 SECIS 中土壤重金属环境质量评价的标准仍然采用《土壤环境质量标准》二级标准值作为评价的依据。评价的方法分单项污染指数法和综合污染指数法：

①单项污染指数法

比较单一污染物污染程度以全面反映各污染物的污染程度，公式如式（12-1）。

$$K_i = C_i / S_i \qquad (12\text{-}1)$$

式中，K_i 为第 i 项参数的分指数；C_i 为第 i 项参数的实测值；S_i 为第 i 项参数的标准值。

②综合污染指数法

比较多种污染物综合污染程度，公式如式（12-2）。

$$P_s = \sqrt{\frac{\left(P_{i\max}\right)^2 + \left(\overline{P_i}\right)^2}{2}} \qquad （12\text{-}2）$$

式中，P_s 为综合污染指数；$\overline{P} = \dfrac{1}{n}\displaystyle\sum_{i=1}^{n}P_i$ 为各单项污染分指数的平均值；$P_{i\max}$ 为各单项污染分指数的最大值。

③土壤重金属环境容量计算

采用土壤静态环境容量计算模型研究山东省土壤重金属环境容量。其计算公式如式（12-3）。

$$Q_i = 10^6 M\left(S_i - C_{ib} - C_{in}\right) = 10^6 M\left(S_i - C_i\right) \qquad （12\text{-}3）$$

式中，Q_i 为土壤中重金属元素 i 的静容量，kg·hm^{-2}；M 为每公顷 0~20cm 的表层土壤重量，2.25×10^6 kg·hm^{-2}；S_i 为土壤中重金属元素 i 含量的允许限值，mg·kg^{-1}；C_{ib} 为土壤中重金属元素 i 的背景值，mg·kg^{-1}；C_{in} 为已进入土壤的重金属元素 i 的含量值，mg·kg^{-1}；$C_i = C_{ib} + C_{in}$，为土壤中重金属元素 i 的现状值，mg·kg^{-1}。

由于各地土壤组成差异较大，要给土壤环境制定统一的标准或允许限值是较困难的。我们以国家《土壤环境质量标准》（GB15618—1995）中的二级标准为依据，根据山东省主要土壤类型潮土、褐土、棕壤的 pH 值分别在 4.7~7.55、7.6~8.25、5.6~7.9 范围内，确定了山东省主要三种土壤类型 Cu、Zn、Pb、Cd 的临界值 S_i，如表 12-15。

表 12-15　主要土壤类型 Cu、Zn、Pb、Cd 的限制值（mg·kg^{-1}）

土壤类型	Cu	Zn	Pb	Cd
潮土	100	300	350	0.60
褐土	100	300	350	0.60
棕壤	100	250	300	0.60

(2) 评价等级的划分

①据单项污染指数等级的划分

根据单项污染指数法中的评价公式，可以对各样点的某单一重金属污染物的土壤环境质量情况用评价指数表示出来，然后再根据下表的等级划分，做出具体的环境质量水平评价，从而全面、具体地反映出各污染物的污染程度情况，如表12-16。

表 12-16　单项污染指数等级划分

划定等级	$P_{i\text{全量}}$	污染水平
0	$P_{i\text{全量}} \leqslant 1.0$	未污染
1	$1.0 < P_{i\text{全量}} \leqslant 2.0$	轻度污染
2	$2.0 < P_{i\text{全量}} \leqslant 3.0$	中度污染
3	$3.0 < P_{i\text{全量}} \leqslant 4.0$	重度污染
4	$P_{i\text{全量}} > 4.0$	严重污染

②据综合污染指数等级的划分

根据综合污染指数法中的评价公式，利用已经求得的单项污染指数，对各样点的土壤重金属环境质量情况用综合评价指数表示出来，然后再根据表 12-17 的等级划分，做出具体的环境质量水平评价，从而反映出各重金属污染物对某一个样点的综合污染情况。

表 12-17　综合污染指数等级划分

划定等级	$P_{综合}$	污染水平
0	$P_{综合} \leqslant 1.0$	未污染
1	$1.0 < P_{综合} \leqslant 2.0$	轻度污染
2	$2.0 < P_{综合} \leqslant 3.0$	中度污染
3	$3.0 < P_{综合} \leqslant 4.0$	重度污染
4	$P_{综合} > 4.0$	严重污染

③土壤重金属环境容量等级的划分

因上述土壤重金属环境容量计算方法获得的是土壤单一重金属元素环境容量，而对于某区域土壤环境容量而言，往往需要综合考虑 Cu、Zn、Pb、Cd 四种元素的综合环境容量。它不能简单地将各元素环境容量叠加。因此，引入相对环境容量概念，如式（12-4）。

$$R_{ci} = \frac{C_s - C_i}{C_s} \tag{12-4}$$

式中，C_s 为选定的容量标准；C_i 为各样点土壤中重金属的现状值；R_{ci} 为相对环境容量。

再以各元素的相对环境容量值，算出综合相对环境容量值：

$$R_c = \frac{1}{n} \sum_{i=1}^{n} R_{ci}$$

对综合环境容量分级如下（表 12-18）：

表 12-18　土壤重金属综合环境容量等级划分

划定等级	R_{ci}	容量水平
0	$R_{ci} \geqslant 0.75$	高容量区
1	$0.45 \leqslant R_{ci} < 0.75$	中容量区
2	$0 \leqslant R_{ci} < 0.45$	低容量区
3	$R_{ci} < 0$	超载区

(3) 单项环境质量分析评价表

在单项分析评价表上可以以不同的方式进行结果的查询，如：按照行政区、土壤类型、植被类型等。分析评价的主要代码如下：

```
CREATE VIEW 单项分析 AS
SELECT 编号，样点编号，监测项目，全量，有效态含量，pH，
(select floor(全量/pH3) from 标准值表
where 标准值表.监测项目=监测值表.监测项目) as 单项环境质量分级编号
from 监测值表
where pH>7.5
UNION
SELECT 编号，样点编号，监测项目，全量，有效态含量，pH，
(select floor(全量/pH2)
from 标准值表
where 标准值表.监测项目=监测值表.监测项目)
from 监测值表
where pH>=6.5 and pH<=7.5
UNION
SELECT 编号，样点编号，监测项目，全量，有效态含量，pH，
(select floor(全量/pH1)
from 标准值表
where 标准值表.监测项目=监测值表.监测项目)
from 监测值表
where pH<6.5
```

单项评价结果如图 12-9 所示。

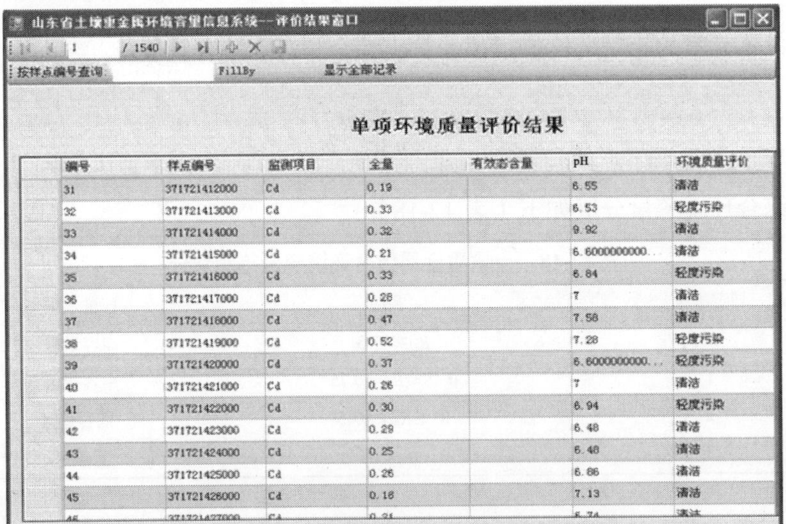

编号	样点编号	监测项目	全量	有效态含量	pH	环境质量评价
31	371721412000	Cd	0.19		6.55	清洁
32	371721413000	Cd	0.33		6.53	轻度污染
33	371721414000	Cd	0.32		9.92	清洁
34	371721415000	Cd	0.21		6.6000000000...	清洁
35	371721416000	Cd	0.33		6.84	轻度污染
36	371721417000	Cd	0.28		7	清洁
37	371721418000	Cd	0.47		7.58	清洁
38	371721419000	Cd	0.52		7.28	轻度污染
39	371721420000	Cd	0.37		6.6000000000...	轻度污染
40	371721421000	Cd	0.26		7	清洁
41	371721422000	Cd	0.30		6.94	轻度污染
42	371721423000	Cd	0.29		6.48	清洁
43	371721424000	Cd	0.25		6.48	清洁
44	371721425000	Cd	0.26		6.86	清洁
45	371721426000	Cd	0.16		7.13	清洁
46	371721427000	Cd	0.21		6.74	清洁

图 12-9　单项评价结果窗口

(4) 综合环境质量分析评价表

在综合分析评价表上可以以不同的方式进行结果的查询，如：按照行政区、按照土壤类型、按照植被类型等。代码如下：

```
CREATE VIEW 综合分析 AS
select 样点表.样点编号，floor(sqrt((power(max(单项环境质量分级编号)，2)+power(avg(单
项环境质量分级编号)，2))/2)) as 综合环境质量分级编号
from 样点表，单项分析
where 样点表.样点编号=单项分析.样点编号
group by 样点表.样点编号


CREATE VIEW 综合评价 AS
select 样点表.样点编号，采样地市+采样县市 as 采样地点，经度，纬度，土地利用类型，
土壤亚类，土壤质地，
植被类型，成土母质，采样人单位+''+采样人姓名 as 采样人，检测人单位+''+检测人姓
名 as 检测人，综合环境质量评价
from 样点表，采样地点表，利用表，土壤类型表，质地表，植被表，母质表，采样人员表，
检测人员表，综合分析，
综合质量分级表
where 采样地点表.地点编号 = 样点表.地点编号
and 利用表.利用编号 = 样点表.利用编号
and 土壤类型表.亚类编号=样点表.亚类编号
and 质地表.质地编号=样点表.质地编号
and 植被表.植被编号=样点表.植被编号
and 母质表.母质编号=样点表.母质编号
and 采样人员表.采样人编号=样点表.采样人编号
and 检测人员表.检测人编号=样点表.检测人编号
and 综合分析.样点编号 = 样点表.样点编号
and 综合分析.综合环境质量分级编号 = 综合质量分级表.综合环境质量分级编号
```

综合评价结果如图 12-10 所示。

(5) 详细信息查询表

在详细信息查询表上可以以不同的方式进行查询，如：按照行政区、按照土壤类型、按照植被类型等，如图 12-11 所示。

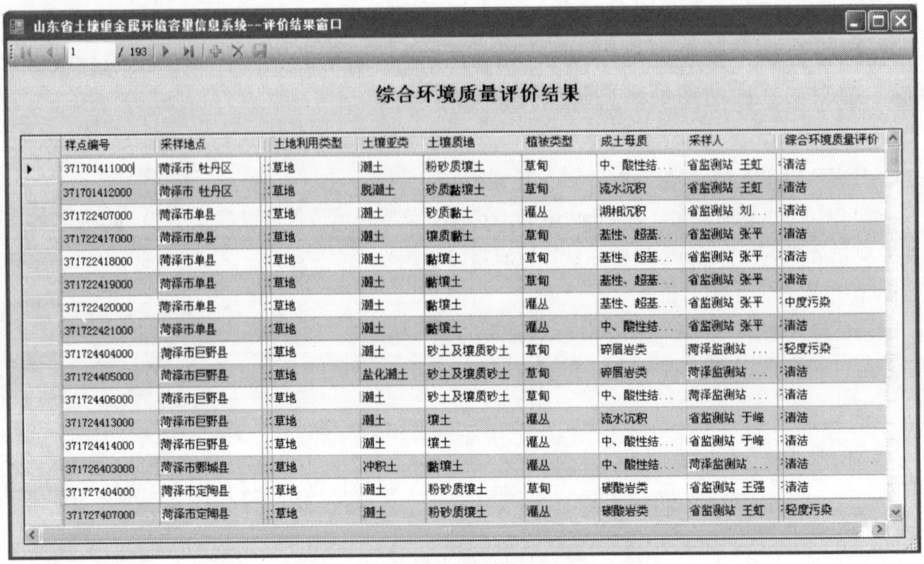

图 12-10 　综合评价结果窗口

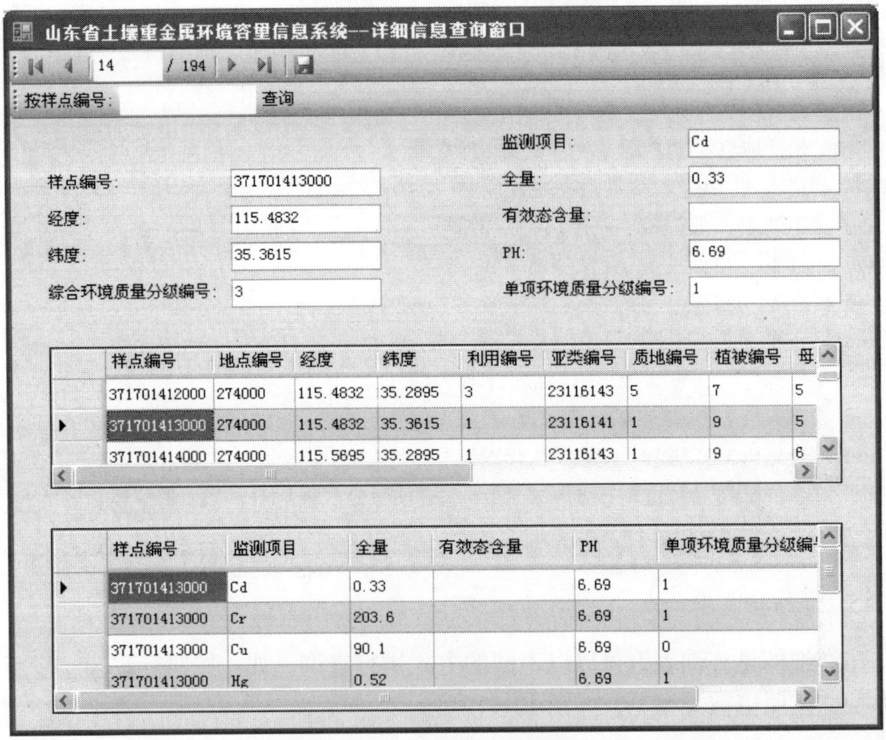

图 12-11 　详细信息查询窗口

(6) 土壤环境质量分析、评价图

根据评价的结果,在 VB2005 中以组件的方式,运用 Office Chart Tool 对评价结果进行图表分析。

① 各县市土壤综合环境质量情况图

从图 12-12 中可以通过采样地市和采样县市的选择,直观地看出山东省各县市的各个采样点的综合环境质量情况,从图 12-12 可以看出:菏泽市曹县共有 27 个采样点位,24 个属于清洁状态,2 个处于中度污染状态,1 个属于重度污染状态。

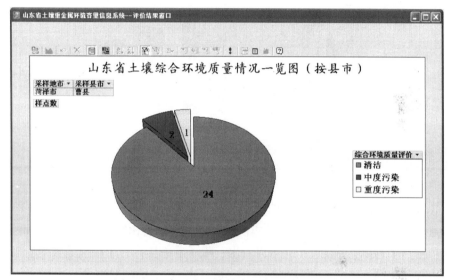

图 12-12 各县市土壤综合环境质量情况窗口

② 按土壤类型统计分析检测结果图

从图 12-13 中通过采样地市和采样县市的选择,可以直观地看出山东省各县市不同土壤类型各个监测项目的平均值,如图 12-13 可以看出:菏泽市单县共有 3 种土壤亚类(潮土、冲积土和盐化潮土)位,可以分别看出 As、Cd、Cr、Cu、Hg、Ni、Pb、Zn 等各种监测项目的平均值,根据这些值与土壤类型的变化关系,找到它们之间的一些内在的联系。代码如下:

```
CREATE VIEW 土类单项均值 AS
select 土壤亚类,监测项目,采样地市,采样县市,round(avg(全量), 2) as 全量均值
from 监测值表,样点表,土壤类型表,采样地点表
where 监测值表.样点编号 = 样点表.样点编号
and 土壤类型表.亚类编号=样点表.亚类编号
```

```
and　采样地点表.地点编号　=　样点表.地点编号
group by　土壤亚类，监测值表.监测项目，采样地点表.采样地市，采样地点表.采样县市
```

分析结果如图 12-13 所示。

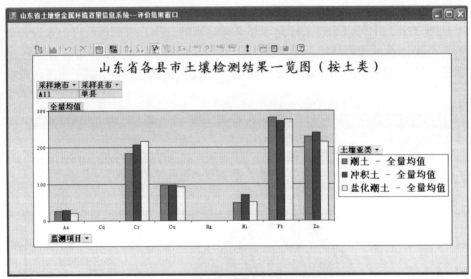

图 12-13　按土壤类型统计分析结果窗口

③ 按县市统计分析检测结果图

从图 12-14 中可以通过采样地市的选择，直观地看出其所属各县市不同各个监测项目的平均值，从图 12-14 可以看出：菏泽市单县共有 3 种土壤亚类（潮土、冲积土和盐化潮土）位，可以分别看出 As、Cd、Cr、Cu、Hg、Ni、Pb、Zn 共 8 个监测项目在菏泽 9 个县市区（牡丹区、鄄城县、郓城县、曹县、单县、东明县、成武县、定陶县、巨野县）中的平均值，可以为各个县市区的相关行政决策部门提供一定的决策依据。代码如下：

```
CREATE VIEW 地点单项均值 AS
select 采样地市，采样县市，监测项目，round(avg(全量)，2) as 全量均值
from 监测值表，样点表，采样地点表
where 监测值表.样点编号 = 样点表.样点编号
and 采样地点表.地点编号 = 样点表.地点编号
group by 采样地市，采样县市，监测值表.监测项目
```

分析结果如图 12-14 所示。

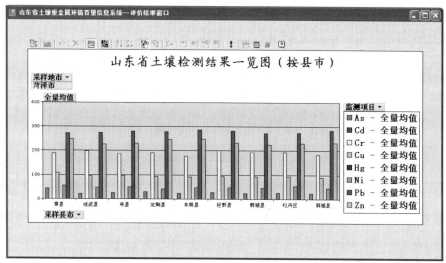

图 12-14　按县市区统计分析结果窗口

12.3.4　图形数据操作功能的实现

山东省土壤重金属环境容量信息系统（SECIS）具有图形数据和属性数据一体化、不仅可以用图形把数据直观地表现，还可以用属性数据表述其更加详尽的特征等优点。以上为相关数据在统计图表上的形象展现，通过对比分析可以发现一些统计性的规律，但是它的缺点是与地理特征关系不大。地理信息系统的发展为这类与地理特性相关性较大数据的展示提供了有力的技术支持。可以通过把属性数据绑定到相关的空间地物（点、线、面）上，实现空间数据与属性数据的一体化。以下对这部分的功能进行介绍。

(1) 山东省各地市采样点综合环境质量分布图

通过采样地市的选择，可以直观地看出山东省各个地市、各个采样点土壤综合环境质量情况，从图 12-15 可以看出：菏泽市 9 个县市区中，共有 194 个采样点，环境质量情况为清洁的采样点占绝大部分，有 168 个，其中鄄城县全部采样点为清洁状态；环境质量情况为轻度污染的采样点较少，有 20 个，除了鄄城县和曹县之外，每个县都有分布；环境质量状况为中度污染的采样点只有 4 个，分布在东明县、成武县和曹县；环境质量状况为重度污染和严重污染的采样点各有 1 个，都分布在曹县。可以为各个县市区的相关行政决策部门、土壤污染研究修复科研机构提供一定的依据。程序的主要代码如下：

```
public Class FrmZhpjGEO
    Private propertyDlg As FrmProperty
    Private Sub btnBindData_Click(ByVal sender As System.Object，ByVal e As
System.EventArgs)
    Dim data As Object(, ) = DBOperation.DBQueryAsArray("select 样点编号，综合环境质
        量分级编号 from 综合分析")
    AxMap1.DataSets.Add(MapXLib.DatasetTypeConstants.miDataSetSafeArray，data,
        "PingJia"，1，，"ydb")

        AxMap1.DataSets("PingJia").Themes.Add(MapXLib.ThemeTypeConstants.miThemeI
ndividualValue，2，"GEO")
    End Sub
    Private Sub tsBtnSelection_Click(ByVal sender As System.Object，ByVal e As
        System.EventArgs) Handles tsBtnSelection.Click
            AxMap1.CurrentTool = MapXLib.ToolConstants.miRectSelectTool
        End Sub
    Private Sub tsBtnArrow_Click(ByVal sender As System.Object，ByVal e As System.EventArgs)
        Handles tsBtnArrow.Click
            AxMap1.CurrentTool = MapXLib.ToolConstants.miSelectTool
        End Sub
    Private Sub tsBtnChangeLegend_Click(ByVal sender As System.Object，ByVal e As
        System.EventArgs) Handles tsBtnChangeLegend.Click
            AxMap1.DataSets(1).Themes(1).Legend.LegendDlg()
        End Sub
    Private Sub tsBtnChangeTheme_Click(ByVal sender As System.Object，ByVal e As
        System.EventArgs) Handles tsBtnChangeTheme.Click
            AxMap1.DataSets(1).Themes(1).ThemeDlg()
        End Sub
    Private Sub FrmZhpjGEO_Load(ByVal sender As System.Object，ByVal e As
        System.EventArgs) Handles MyBase.Load
        Dim data As Object(, ) = DBOperation.DBQueryAsArray("select 样点编号，综合环境质
            量分级编号 from 综合分析")
        AxMap1.DataSets.Add(MapXLib.DatasetTypeConstants.miDataSetSafeArray，data,
            "PingJia"，1，，"ydb")

            AxMap1.DataSets("PingJia").Themes.Add(MapXLib.ThemeTypeConstants.miThemeI
ndividualValue，2，"GEO")
        End Sub
End Class
```

结果如图 12-15 所示。

图 12-15　山东省各地市采样点重金属综合环境质量分布

(2) 山东省各地市所属县市、各监测项目超标率情况

通过采样地市和监测项目的选择，可以直观地看出山东省各地市所属县市、各监测项目的超标率情况，如从图 12-16 可以看出：菏泽市 9 个县市区中，监测项目 As 超标率最多的是曹县和定陶县；其次为牡丹区和巨野县；再次为东明县和单县；第四是郓城县和成武县；As 超标率最低的是郓城县。程序的主要代码如下：

```
Public Class FrmDdtjGEO
      Private selectedArea As String = "山东"
      Private selectedItem As String = "Ni"
      'Private type As Integer = MapXLib.ThemeTypeConstants.miThemeDotDensity
Private type As Integer = MapXLib.ThemeTypeConstants.miThemeRanged
Private Sub loadMap(ByVal mapName As String)
      AxMap1.Layers.Remove(1)
      AxMap1.Layers.Add(mapName，1)
 End Sub
Private Sub bindData(ByVal condition As String)
      Dim sql As String = "select 地点编号，超标率 from 地点单项统计 "
      If Not condition Is Nothing Then
          sql = sql + "where " + condition
      End If
      Dim layerName As String = AxMap1.Layers(1).Name
      Dim data As Object(，) = DBOperation.DBQueryAsArray(sql)
AxMap1.DataSets.Add(MapXLib.DatasetTypeConstants.miDataSetSafeArray，data，
"TongJi"，1，，layerName)
      AxMap1.DataSets("TongJi").Themes.Add(type，2，"tj")
End Sub
```

```
Private Function getMapName(ByVal area As String) As String
    Dim mapName As String
    If selectedArea.StartsWith("山东") Then
        mapName = "山东各县市图.TAB"
    Else
        mapName = "hzxs2.tab"
    End If
    Return mapName
End Function
Private Sub reload()
    selectedArea = cbArea.Text
    selectedItem = cbItem.Text
    If selectedArea Is Nothing Or selectedArea.Length = 0 Then
        Return
    End If
    loadMap(getMapName(selectedArea))
    If selectedItem Is Nothing Or selectedItem.Length = 0 Then
        bindData(Nothing)
    Else
        bindData("监测项目='" + selectedItem + "'")
    End If
End Sub
Private Sub cbItem_SelectedIndexChanged(ByVal sender As System.Object，ByVal e As
System.EventArgs) Handles cbItem.SelectedIndexChanged
    reload()
End Sub
End Class
```

结果如图 12-16 所示。

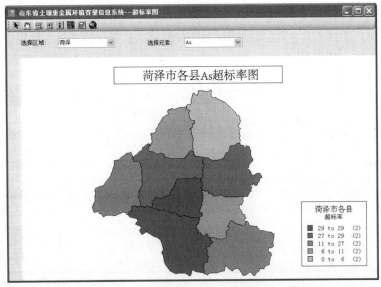

图 12-16　山东省各县市、各监测项目超标率

(3) 山东省农田土壤重金属环境容量

土壤静容量实际上是由土壤临界含量换算得出，因为土壤环境容量就数值而言，很大程度上决定于土壤临界含量。因此，根据测定的土壤中重金属元素的现状值及其前面确定的临界含量，计算出山东省主要土壤类型中 Cu、Zn、Pb、Cd 的静态环境容量（表 12-19）。

表 12-19 主要土壤类型中 Cu、Zn、Pb、Cd 的静态环境容量

土壤类型	统计值	Cu	Zn	Pb	Cd
褐土	平均值	99.86 ± 49.87	352.98 ± 199.02	528.21 ± 202.75	0.63 ± 0.22
	变异系数	0.50	0.56	0.38	0.35
潮土	平均值	93.40 ± 41.73	329.89 ± 248.81	449.49 ± 184.70	0.75 ± 0.19
	变异系数	0.45	0.75	0.41	0.25
棕壤	平均值	63.79 ± 44.14	348.07 ± 144.64	452.14 ± 122.06	1.17 ± 0.12
	变异系数	0.69	0.42	0.27	0.10

① 土壤 Cu 相对环境容量空间分异特征图

从 Cu 元素的相对环境容量空间分布特征图（图 12-17）来看，山东省 Cu 元素的相对环境容量并不是很高，高容量区较少，仅有一个，位于宁阳县，大部分地区属于中容量区以下，且有超过 50% 属于超载区和低容量区，说明局部 Cu 元素排放量过大，污染比较严重。

图 12-17 Cu 相对环境容量空间分异特征图

② Zn 元素相对环境容量空间分异特征图

从 Zn 元素的相对环境容量空间分布特征图（图 12-18）来看，山东省 Zn 元素的相对环境容量还是比较高的，中、高环境容量以上的占 2/3 以上，超载区仅

有 1 个，位于枣庄市山亭区。山东省西南部地区出现低容量区较多。

图 12-18　Zn 相对环境容量空间分异特征图

③ Pb 元素相对环境容量空间分异特征图

从 Pb 元素的相对环境容量空间分布特征图（图 12-19）来看，山东省 Pb 元素的相对环境容量是比较高的，有 2/3 以上都属于中、高容量区，仅有六个样点属于低容量区，超载区有两个。

图 12-19　Pb 相对环境容量空间分异特征图

④ Cd 元素相对环境容量空间分异特征图

Cd 是唯一一种东北和西南相对环境容量分布特征差异不大的重金属，从 Cd 元素的相对环境容量空间分异特征图（图 12-20）来看，Cd 元素全部属于中容量区或者高容量区，总体来说相对环境容量值比较大。高容量区主要分布于东北部，其他地区主要是中容量区。

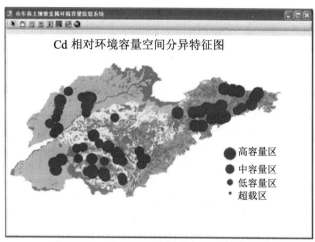

图 12-20　Cd 相对环境容量空间分异特征图

⑤ 山东省土壤重金属综合相对环境容量分布特征

从 Cu、Zn、Pb、Cd 四种重金属元素的综合相对环境容量空间分布特征图（图 12-21）来看，山东省土壤重金属综合相对环境容量值还不是很高，有半数属于中容量区，低容量区占据 1/3 以上，高容量区仅 3 个，分别位于枣庄市山亭区、青岛的平度市和青岛的莱西市，超载区 1 个，位于曲阜境内。

图 12-21　综合相对环境容量空间分异特征图

13 研 究 展 望

土壤环境容量的研究可以为区域土壤污染物预测和土壤环境质量评价、农田污水灌溉、污泥施用及污染物总量控制等提供科学依据，同时对加强环境科学管理，保护生态环境平衡，提高农田土壤生产力水平，保障人体健康具有重要意义。在以后的研究工作中还应注意以下几个方面的研究。

13.1　土壤环境容量研究

①在研究不同植被类型土壤重金属环境容量的基础上，加强对进入农田重金属总量控制的同时，合理开发和利用生长乔木林、灌丛、草地、沼泽湿生植物等土壤的自净能力，进一步探讨不同植被类型的土壤纳污能力是十分必要的。

②在研究土壤中重金属植物吸收系数的基础上，选择能较高富集重金属的植物，间隔套种或隔年耕种在受重金属污染较重的土壤上，不失为增加土壤重金属环境容量的一种好方法。此法优点在于使土壤休耕和事前预防相结合，难点在于富集重金属植物的选择上。

③我国幅员辽阔，自然条件多变，土壤性质各异。由于污染物进入土壤后的物理、化学、生物过程受土壤性质、自然条件的影响，因此污染物表现出的毒性程度，迁移、转化、净化等特性都是不同的，土壤环境容量的研究还应该根据各地的具体情况进行，不宜大范围制定硬性的统一标准。

④目前有关有机污染物土壤环境容量的研究甚少，主要是因为大多数有机污染物进入土壤后可以被土壤生物转化。研究其输入输出很难确定土壤环境容量。还因为土壤有机污染物定量测定的繁琐性、复杂性和结果的不确定性，给土壤环境容量研究带来困难。如何研究有机污染物的土壤环境容量，是目前土壤环境学重要的研究课题之一。

13.2　土壤环境容量信息系统开发

①土壤环境容量信息系统的建设需要有一个长期、系统的数据积累和软硬件系统不断完善、更新的过程。我们在研究过程中，虽然对土壤环境容量信息系统开发有了进一步的理解，初步建立了一个方便、实用、有效的环境容量管理信息系统，但是由于时间和数据的限制，难免存在理论上的纰漏与不足以及许多需要

进一步完善的地方。如：一些功能的实现还是初步的，还有待再进一步的优化。

②由于山东省土壤环境质量调查的具体数据还没完成，为实现本系统中的一些功能，所输数据借鉴课题组在山东省调查的部分数据。这样的图集结果还是局部的、欠详细的。可以在山东省土壤环境质量调查完成后，输入详细的数据，获得山东省土壤重金属环境容量全貌。另外，一些图件收集困难，因此信息源还不够丰富，数据量还不太充足，还有待于进一步补充和完善。

③山东省土壤重金属环境容量信息系统是一个涉及诸多学科领域的综合信息系统，信息系统的真正价值在于它能快速、正确、有效地解决实际问题，而问题的解决依赖于合适的专业模型。还必须不断扩充和完善系统的专业模型，增加和改进系统的模拟功能。这都有待今后进一步深入探讨和逐步完善。

④从计算机技术的发展历程与趋势来看，土壤重金属环境容量信息系统在功能不断完善的同时，应向网络化和分布式计算以及专家系统等方向发展，在三维可视化方面可以向虚拟现实方向发展。

⑤深入、详细的评价功能还应全面考虑各种污染源的分布情况、气象情况及流域环境等，这在现有系统中还没有体现，可以在后继工作中进行改进。

参 考 文 献

蔡崇法, 丁树文, 史志华, 等. 2000. 应用 USLE 模型和地理信息系统 IDRISI 预测小流域土壤侵蚀量的研究[J]. 水土保持学报, 14(2): 19-24.

蔡士悦, 李中菊, 张久根, 等. 1992. 我国砖红壤、赤红壤、红壤环境容量研究[J]. 环境科学研究, 5(2): 36-38.

蔡永明, 张科利, 李双才. 2003. 不同粒径制间土壤质地资料的转换问题研究[J]. 土壤学报, 40 (4): 511-517.

曹龙熹, 付素华. 2007. 基于 DEM 的坡长计算方法比较分析[J]. 水土保持通报, 27(5): 58-62.

车宇瑚, 杨居荣, 王华东. 1984. 关于土壤环境容量的结构模型[J]. 环境科学学报, 4(2): 132-141.

陈怀满. 2005. 环境土壤学[M]. 北京: 科学出版社.

陈怀满, 等. 2002. 土壤中化学物质的行为与环境质量. 北京: 科学出版社.

陈建安, 林健, 兰天水, 等. 2001. 山区公路边土壤铅污染水平及其分布规律研究[J]. 海峡预防医学杂志, 7(2): 5-8.

陈楠, 王钦敏, 汤国安, 等. 2006. 6 种坡度提取算法的应用范围分析——以在黄土丘陵沟壑的研究为例[J]. 测绘信息与工程, 31 (4): 20-22.

成杰民, 胡光鲁, 潘根兴. 2004. 用酸碱滴定曲线拟合参数表征土壤对酸缓冲能力的新方法[J]. 农业环境科学学报, 23(3): 569-573.

党国英. 2005. 取消农业税背景下的乡村自治[J]. 税务研究, (6): 3-6.

邓良基, 侯大斌, 王昌全, 等. 2003. 四川自然土壤和耕地土壤可蚀性特征研究[J]. 中国水土保持, (7): 23-25.

杜金辉, 王菁, 王学珍, 等. 2007. 崂山风景区土壤重金属元素环境容量的计算[J]. 中国环境管理干部学院学报, 17(1): 27-30.

付金霞, 赵军. 2006. 地理空间数据的空间性分析应用. 地球信息科学, 8 (4): 65-69.

傅涛, 李瑞雪. 2001. 应用 ARC/INFO 预测芋子沟小流域土壤侵蚀量的研究[J]. 水土保持学报, 15 (4): 29-32.

高太忠, 李景印. 1999. 土壤重金属污染研究与治理现状[J]. 土壤与环境, 8(2): 137-140.

国家环境保护局. 1993. 环境背景值和环境容量研究[M]. 北京:科学技术出版社: 167-184.

国家环境保护局, 国家技术监督局. 1995. GB15618-1995, 土壤环境质量标准[S]. 北京: 中国标准出版社.

国家环境保护局开发监督司. 1992. 环境影响评价技术原则与方法[M]. 北京:北京大学出版社.

何建邦. 1999. 对制定我国地理信息共享政策的建议. 中国地理信息系统协会 1999 年年会论文集.

黄金良, 洪华生, 张珞平, 等. 2004. 基于 GIS 和 USLE 的九龙江流域土壤侵蚀量预测研究. 水土保持学报, 18(5): 75-79.

黄进. 2006. 模拟酸雨淋溶对土壤镉迁移的影响[J]. 淮阴师范学院学报, 5(3): 223-228.

江忠善, 王志强, 刘志. 1996. 黄土丘陵区小流域土壤侵蚀变化定量研究[J]. 土壤侵蚀与水土保持学报, 11(1): 1-9.

R. 拉尔. 黄河水利委员宣传出版中心译. 1991. 土壤侵蚀研究方法[M]. 北京: 科学出版社: 96-100.

李恋卿, 潘根兴, 成杰民, 等. 2002. 估计太湖地区水稻土表层土壤 10 年尺度的重金属元素积累速率. 环境科学, 23(3): 119-123.

李树斌, 张爱华. 1994. 洪河污灌区土壤重金属和矿物油环境容量研究[J]. 农业环境保护, 13(2).

李硕. 2006. 水葱对镉污染土壤修复潜力的研究[D]. 长沙: 湖南大学硕士学位论文: 21-27.

李雪梅, 王祖伟, 汤显强, 等. 2007. 重金属污染因子权重的确定及其在土壤环境质量评价中的应用[J]. 农业环境科学学报. 26(6): 2281-2286.

廖金凤. 1999. 广东省南海市农业土壤中铜锌镍的环境容量. 土壤与环境, 8(1): 15-18.

林大松, 徐应明, 孙国红, 等. 2006. 土壤重金属污染复合效应对小白菜生长及重金属累积的影响[J]. 农业环境科学学报, 25（赠刊）: 72-75.

卢升高, 吕军. 2004. 环境生态学[M]. 杭州:浙江大学出版社.

罗春, 杨相, 卢俊威, 等. 1986. 土壤中重金属的环境容量及预测[J]. 甘肃环境研究与监测, (3).

骆永明. 1999. 金属污染土壤的植物修复. 土壤, 31: 261-265.

孟兆鑫, 邓玉林, 刘武林. 2008. 基于 RS 的岷江流域土壤侵蚀变化及其驱动力分析[J]. 地理与地理信息科学, 24(4): 57-61.

南忠仁. 1995. 灰钙土中 Cd、Pb 的环境基准值及其应用[J]. 西北师范大学学报, 31(2): 33-36.

倪九派, 傅涛, 李瑞雪, 等. 2001. 应用 ARC/INFO 预测芋子沟小流域土壤侵蚀量的研究. 水土保持学报, 15 (4): 29-32.

欧阳喜辉, 赵玉杰, 刘凤枝, 等. 2007. 不同种类蔬菜对土壤镉吸收能力的研究[J]. 农业环境科学学报, 27(1): 0067-0070.

潘根兴, 高建芹, 刘世梁, 等. 1999. 活化率指示苏南土壤环境中重金属污染冲击初探. 南京农业大学学报, 22(2): 46-50.

祁伟, 曹文洪. 2004. 小流域侵蚀产沙分布式数学模型的研究[J]. 中国水土保持科学, 2(1): 16-21.

祁轶宏. 2006. 基于 GSI 的铜陵地区土壤重金属元素的空间分布及污染评价[D]. 合肥工业大学硕士论文.

山东省环境保护科学研究所. 1990. 山东省土壤环境背景值调查研究[Z], 15: 157-163.

山东省土壤肥料工作站. 1994. 山东土壤[M]. 北京:中国农业出版社: 354.

史瑞和. 1996. 土壤农化分析[M]. 北京: 中国农业出版社.

舒红, 陈军, 杜道生, 等. 1997. 时空拓扑关系定义及时态拓扑关系描述[J]. 测绘学报, 26(4): 299-307.

孙权, 何振立, 杨肖娥, 等. 2007. 铜对小白菜的毒性效应及其生态健康指标[J]. 植物营养与肥料学报, 31(2): 342-303.

汤立群, 陈国祥. 1997. 小流域产流产沙动力学模型[J]. 水动力学研究与进展, A 辑, 12(2): 44-54.

陶春军. 2007. 合肥市郊水稻土中重金属的吸附淋溶特性研究[D]. 安徽:合肥工业大学资源与环境工程学院: 51-52.

涂从, 苗金燕. 1992. 土壤砷毒性临界值的初步研究[J]. 农业环境保护, 11(2): 80-83.

土壤环境容量研究组. 1986. 土壤环境容量研究[J]. 环境科学, 7(5): 34-35.

王世耋, 诸叶平, 蔡士悦. 1993. 土壤环境容量数学模型[J]. 环境科学学报, 13(1): 51-58.

王淑莹, 高春娣. 2004. 环境导论[M]. 北京: 中国建筑工业出版社.

王万忠, 焦菊英. 1996. 中国的土壤侵蚀因子定量评价研究[J]. 水土保持通报, 16 (5): 1-20.

王晓蓉. 1993. 环境化学[M]. 南京: 南京大学出版社.

王星宇. 1987. 黄土地区流域产沙数学模型[J]. 泥沙研究, (3): 57-63.

王学锋, 朱桂芬. 2003. 重金属污染研究新进展[J]. 环境科学与技术, 26(1): 54-56.

王作雷, 泰国梁, 李玉秀, 等. 2004. 土壤重金属污染的非线性可拓综合评价[J]. 土壤, 36(2): 151-156.

吴燕玉, 王新, 梁仁禄, 等. 1997. 重金属复合污染对土壤-植物系统的生态效应 I. 对作物、微生物、苜蓿、树木的影响[J]. 应用生态学报, 8(2): 207-212.

吴燕玉, 张学询, 陈涛, 等. 1981 论张士污水灌区的重金属环境容量[J]. 生态学报, 1(3): 275-281.

夏家淇. 1996. 土壤环境质量标准详解[M]. 北京: 中国环境科学出版社: 16-23.

夏星辉, 陈静生. 1999. 土壤重金属污染治理方法研究进展[J]. 环境科学, 18(3): 72-75.

夏增禄. 1986. 土壤环境容量研究[M], 北京: 气象出版社.

夏增禄, 蔡士悦, 许嘉林, 等. 1992. 中国土壤环境容量[M]. 北京: 地震出版社.

夏增禄, 张学询, 孙汉中, 等. 1988. 土壤环境容量及其应用[M]. 北京: 气象出版社.

肖玲, 李岗, 赵允格. 1996. 娄土中砷污染毒性临界值初探[J]. 西北农业大学学报, 24(4): 105-108.

谢传节, 肖乐斌, 万洪涛. 1998. 面向对象的 GIS 时空数据模型地理研究[J], (增刊): 124-130.

熊先哲, 张学询, 王裕顺, 等. 1998. 草甸棕壤汞环境容量研究[J]. 生态学报, 8(1): 1-2.

徐天蜀, 彭世揆, 岳彩荣. 2002. 基于 GIS 的小流域土壤侵蚀评价研究[J]. 南京林业大学学报(自然科学版), 26 (4): 43-46.

许芳, 梁合诚, 樊娟, 等. 2009. 福州地区农业用地土壤重金属环境容量评价[J]. 安全与环境工程, 16(4): 6-8.

杨明伟. 2005. 新公共管理理论述评[J]. 四川行政学院学报, (2): 21-24.

杨志忠. 1989. 土壤污染物容量估算方法[J]. 云南环保. 3: 35-37.

杨子生. 1999. 滇东北山区坡耕地土壤流失方程研究[J]. 水土保持通报, 19(1): 1-9.

姚永慧, 张百平, 罗扬, 等. 2006. 格网计算法在空间格局分析中的应用——以贵州景观空间格局分析为例[J]. 地球信息科学, 8 (1): 73-77.

叶嗣宗,1992a. 土壤环境背景值在土壤环境容量计算中的应用[J]. 上海环境科学. 11(4): 34-36.

叶嗣宗. 1992b. 土壤环境背景值在容量计算和环境质量评价中的应用[J]. 中国环境监测, 9(3): 52-54.

叶嗣宗, 等. 1992. 土壤环境质量分级评价[J]. 上海环境科学, 11(6): 39-40.

易秀. 2005. 利用土柱淋滤试验确定黄土类土中铬砷环境容量初探[J]. 干旱区资源与环境, 19(6): 137-141.

殷宗慧, 刘虹, 陈燕丰. 1993. 铅在灰钙土土壤-植物系统与环境中的迁移和环境容量[J]. 地理研究, 12(3): 100-106.

尹民. 2001. 山东省水土流失现状及其保护恢复研究[D]. 济南: 山东师范大学: 22-25.

于磊, 张柏. 2004. 基于 GIS 的黑土区土壤相对环境容量空间分异特征研究[J]. 土壤学报, 4(41): 511-516.

于素华, 杨守祥, 刘春生. 2006. 水分淋洗下菜园土壤各形态锌的迁移转化特征[J]. 水土保持学报, 20(4): 31-39.

袁国玲, 孟召将. 2005. 政府公共服务方式多样化探析[J]. 成都行政学院学报, 13(2): 8-9.

翟航. 2007. 长春市土壤重金属分布规律及土壤环境质量评价研究. 吉林大学硕士学位论文.

张从. 2002. 环境评价教程[M]. 北京:中国环境科学出版社.

张甘霖, 龚子同. 1999. 世纪之交土壤学研究的挑战与契机[J]. 土壤与环境, 8(2): 130-136.

张毅. 1992. 赤红壤中砷的污染效应临界含量及土壤环境容量[J]. 农业环境保护, 11 (6): 256-260.

张玉珍. 2003. 九龙江上游五川流域农业非点源污染研究[M]. 厦门大学博士论文.

赵录, 费美高, 许国琳. 1996. 成都黏土环境中铅的环境容量研究[J]. 地质灾害与环境保护, 7(3): 24-29.

郑鹏然, 周树南. 1996. 食品卫生全书[M]. 北京: 红旗出版社.

中华人民共和国农业部. 2012. NY/T395-2012, 农田土壤环境质量监测技术规范[S]. 北京: 中国农业出版社.

周广柱, 杨锋杰, 程建光, 等. 2005. 土壤环境质量综合评价方法探讨[J]. 山东科技大学学报, 4(25): 113-115.

周启星, 林海芳. 2001. 污染土壤及地下水修复的PRB技术及展望[J]. 环境污染治理技术与设备, 2(5): 48-53.

周启星, 宋玉方, 等. 2004. 污染土壤修复原理与方法[M]. 北京: 科学出版社.

Andreu V, Giomeno G E. 1999. Evolution of heavy metal sin marsh areas under rice farming. Environmental Pollution [J], 104:271-282.

BAKER A J M. 1981. Accumulators and excluders-strategies in the response of plants to heavy metals [J]. Journal of Plant Nutrition, 3(10): 643-654.

Brown K W, Thomas J C, Slowey J F. 1983. The movement of metals applied to soils in sewage effluent[J]. Water Air Soil Pollution, 19(1): 43-54

Coppola S, Davis R D, et al. 1983. (ends) Environ . Eff. Org. Inog. Contam. Sewage Sludge, D. Reidel Publishing Company: 233-243.

Dept of Physical Geography, Univ. of Utrecht. 1995. LISEM. A User Mannual [R].

Egenhofer M J, Franzosa D R. 1991. Point-set topological spatial relations[J]. International Journal of Geographical Information System, 5(2): 161-174.

Flanagand C. WEPP CD –ROM [R]. 2001 Vision.

George A G. 1977. Application guidelines for sludges contaminated with toxic elements [J]. J. Water Pro., 67:1212-1218.

Kakuzo K, et al. 1981. Heavy metal pollution in soil of Japan. Japan Scientific Socoties Press.

Kim K K, Kim K W, Kim J Y, Kim I S, Cheong Y W and Min J S. 2001. Characteristics of tallings from the closed metal mins as potential contamination source in South Korea. Environmental Geology, 41:358-364.

Kim K W, Lee K H, Yoo B C. 1998. The environmental impact of gold mines in the Yu gu-kwang cheon Au-Ag metallogenic province, Republic of Korea. Environ Technol, 19: 291-298.

Kloke A. 1983. Tolerable amount of heavy metals in soil and their accumulation in plants[M]. Environmental Effects of Organic and Inorganic Contaminants in Sewage Sludge. Dordrecht: D. Reidel Publishing Company.171-175.

Krzaklewski W, Pietrzykowski M. 2002. Selected physico-chemical properties of zinc and lead ore tailings and their biological stabilisation. Water, Air, and Soil Pollution, 141:125-142.

Meyer L D. 1984. Evolution of the Universal Soil Loss Equation [J]. J. Soil and Water Cons, 32 (2):

99-104.

Morganr P C, Quinton J N, Smith R E, et al. 1998. The European Soil Erosion Modes (EUROSEM): A dynamic approach for predicting sediment transport from fields and small catchments [J]. Earth Surface Processes and Land-forms, 23(6): 527-544.

Nearingm A, Foster G R, Lanel J. 1989. A process-based soil erosion model for USDA-Water Erosion Prediction Project Technology [J]. Trans. ASAE, 32: 1587-1593.

Ni W Z, Yang X E, Long X X. 2002. Differences of cadmium absorption and accu mulation in selected vegetable crops[J]. Journal of Environmental Sciences, 14(3): 399-405.

Renard K G, Foster G R, Weesies G A, et al. 1997. Protecting soil erosion by water: a guide to conservation planning with the Revised Universal Soil Loss Equation(RUSLE) [M]. Washington: USDA, Agriculture Handbook, No.703.

Romkens P, Hoendedoom G, Dolfing J. 1999. Copper solution geochemistry in arable soils. Field observations and model application [J]. Journal of Environmental Quality, 28: 776-783.

Salam A K, Helmake P A. 1998. The pH dependence of free ionic activities and total dissolved concentrations of copper and cadmium in soil solution [J]. Geoderma, 83 (34): 281-291.

Williams J R, Sharply A N. 1990. EPIC-erosion productivity impact calculator I model documentation [J]. US Department of Agriculture Technical Bulletin N: 1768.

Wischmeier W H. 1976. Use and misused of the universal soil loss equation [J]. J. Soil and Water Cons, 31 (1): 5-9.

Wischmeier W H, Smith D. 1978. Predicting rainfall erosion losses—A guide to conservation planning with the universal soil loss equation (USLE). Agriculture Handbook, United States Department of Agriculture, Spring field, USA.(537).